그림으로 개념 잡는 초등수학

초등수학

1-1

구성과 특징

이렇게 공부해 봐~

1. 제일 먼저, 개념 만나기부터!

개념 만나기

꼭 알아야 하는
중요한 개념이
여기에 들어있어.
그냥 넘어가지 말고,
꼼꼼히 살펴봐~

2. 그 다음, 개념 쏙쏙과 개념 익히기

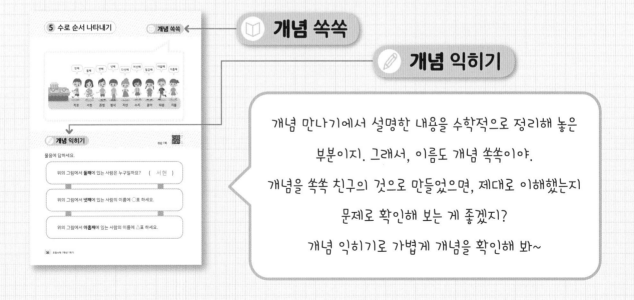

개념 쏙쏙

개념 익히기

개념 만나기에서 설명한 내용을 수학적으로 정리해 놓은
부분이지. 그래서, 이름도 개념 쏙쏙이야.
개념을 쏙쏙 친구의 것으로 만들었으면, 제대로 이해했는지
문제로 확인해 보는 게 좋겠지?
개념 익히기로 가볍게 개념을 확인해 봐~

3. 개념 다지기와 펼치기

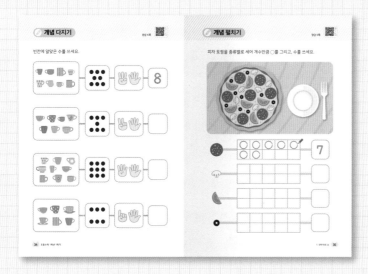

배운 개념을 문제를 통하여 우리 친구의 것으로 완벽히 만들어 주는 과정이지. 그러니까, 건너뛰는 부분 없이 다 풀어 봐야 해~ 수학의 원리를 연습할 수 있는 아주아주 좋은 문제들로만 엄선했다구.

4. 각 단원의 끝에는 개념 마무리

✔ 개념 마무리

얼마나 잘 이해했는지 스스로 확인해 봐~

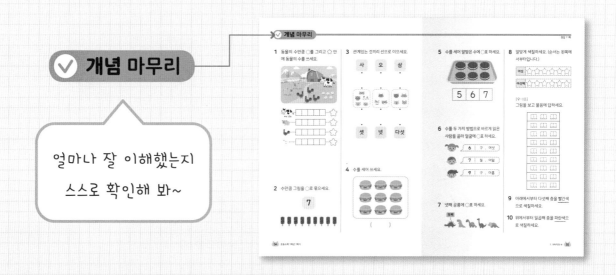

5. 그래도, 수학은 혼자 하기 어렵다구?

걱정하지 마~ 매 페이지 구석구석에 개념 설명과 문제 풀이 강의가 QR코드로 들어있다구~ 혼자 공부하기 어려운 친구들은 QR코드를 스캔해 봐~

공부 계획표

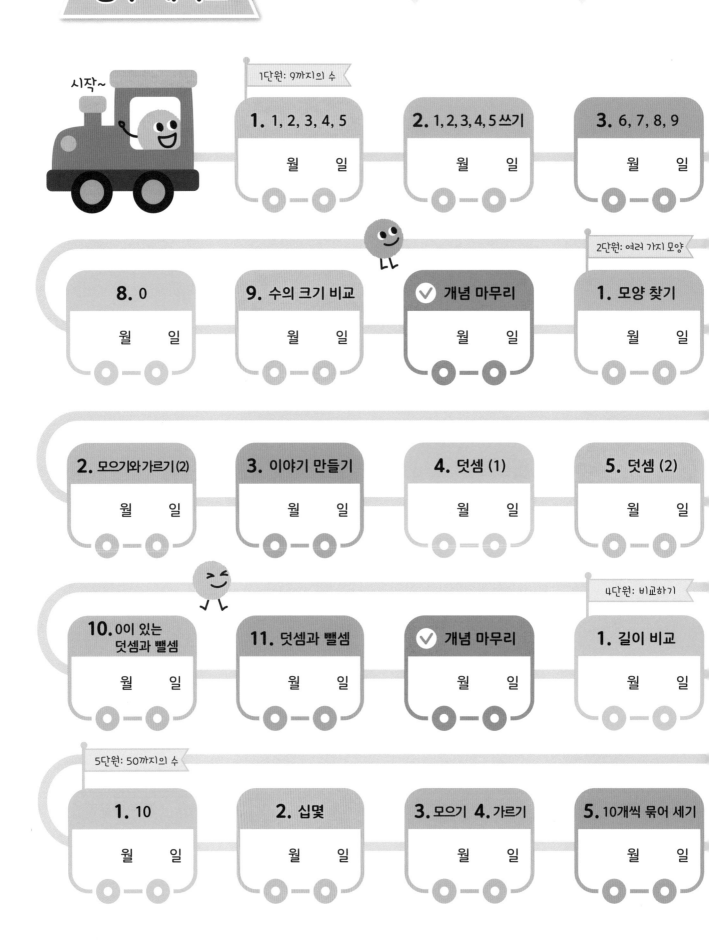

시작~

1단원: 9까지의 수

1. 1, 2, 3, 4, 5
월 일

2. 1, 2, 3, 4, 5 쓰기
월 일

3. 6, 7, 8, 9
월 일

8. 0
월 일

9. 수의 크기 비교
월 일

✓ 개념 마무리
월 일

2단원: 여러 가지 모양

1. 모양 찾기
월 일

2. 모으기와 가르기 (2)
월 일

3. 이야기 만들기
월 일

4. 덧셈 (1)
월 일

5. 덧셈 (2)
월 일

4단원: 비교하기

10. 0이 있는 덧셈과 뺄셈
월 일

11. 덧셈과 뺄셈
월 일

✓ 개념 마무리
월 일

1. 길이 비교
월 일

5단원: 50까지의 수

1. 10
월 일

2. 십몇
월 일

3. 모으기 **4.** 가르기
월 일

5. 10개씩 묶어 세기
월 일

✏️ 동그라미와 함께 재미있게 공부하고 스스로 표시해 보세요.

4. 6, 7, 8, 9 쓰기
월 일

5. 수로 순서 나타내기
월 일

6. 수의 순서
월 일

7. 1만큼 더 큰 수, 1만큼 더 작은 수
월 일

3단원: 덧셈과 뺄셈

2. 모양 관찰하기
월 일

3. 모양 만들기
월 일

✓ 개념 마무리
월 일

1. 모으기와 가르기 (1)
월 일

6. 덧셈 (3)
월 일

7. 뺄셈 (1)
월 일

8. 뺄셈 (2)
월 일

9. 뺄셈 (3)
월 일

2. 무게 비교
월 일

3. 넓이 비교
월 일

4. 들이 비교
월 일

✓ 개념 마무리
월 일

6. 50까지의 수
월 일

7. 수의 순서
월 일

8. 수의 크기 비교
월 일

✓ 개념 마무리
월 일

끝!

왜?

" 그림으로 개념 잡는 "
초등수학   **이 나오게 됐냐면...**

초등학교 1학년 수학 교과서를 본 적이 있어? 초등학교 1학년 과정에서 배우는 내용은 간단해. 수 세기부터 시작해서, 20까지의 수를 더하고 빼는 것까지 어렵지 않은 내용이야. 그런데 창의력을 키운다는 명목으로 억지스럽고 낯선 유형의 문제들이 많아져서 교과서에 나오는 문제조차 복잡한 경우가 많이 있거든. 수의 기초를 배워야 하는 1학년에서 실생활과 연결해 응용하며 문제를 다뤄야 한다는 것이 복잡하고 어려워. 그러다 보니 개념을 충분히 연습하지 못한 채 응용문제를 접하게 되고, 이런 수학교육의 현실이 수학을 어렵고, 힘든 과목이라고 오해하게 만든 거야.

그래서 어려운 거였구나..

이 책은 지나친 문제 풀이 위주의 수학은 바람직하지 않다는 생각에서 출발했어. 초등학교 시기는 수학을 활용하기에 앞서 기초가 되는 개념을 탄탄히 다져야 하는 시기이기 때문이지. 그래서 꼭 알아야 하는 개념을 충분히 익힐 수 있도록 만들었어. 같은 유형의 문제를 기계적으로 풀게 하는 것이 아니라, 꼭 알아야 하는 개념을 단계적으로 연습할 수 있도록 구성했어.

키 수학
학습방법연구소

"어렵고 복잡한 문제로 수학에 흥미를 잃어가는
우리 아이들에게 수학은 결코 어려운 것이 아니며
즐겁고 아름다운 학문임을 알려주고 싶었습니다.
이제 우리 아이들은 수학을 누구보다 잘해 나갈 것입니다.
" 그림으로 개념 잡는 " 이 함께 할 테니까요!"
초등수학

1학년 1학기 초등수학 차례

약속해요

공부를 시작하기 전에
친구는 나랑 약속할 수 있나요?

1. **바르게 앉아서 공부합니다.**

2. **꼼꼼히 읽고, 개념 설명은 소리 내어 읽습니다.**

3. **바른 글씨로 또박또박 씁니다.**

4. **책을 소중히 다룹니다.**

약속했으면 아래에 서명을 하고, 지금부터 잘 따라오세요~

이름: _____ (인)

1 9까지의 수

1 1, 2, 3, 4, 5

염소가 **3** 마리 있어요.

오리가 **4** 마리 있어요.

닭이 **2** 마리 있어요.

병아리가 **5** 마리 있어요.

돼지가 **1** 마리 있어요.

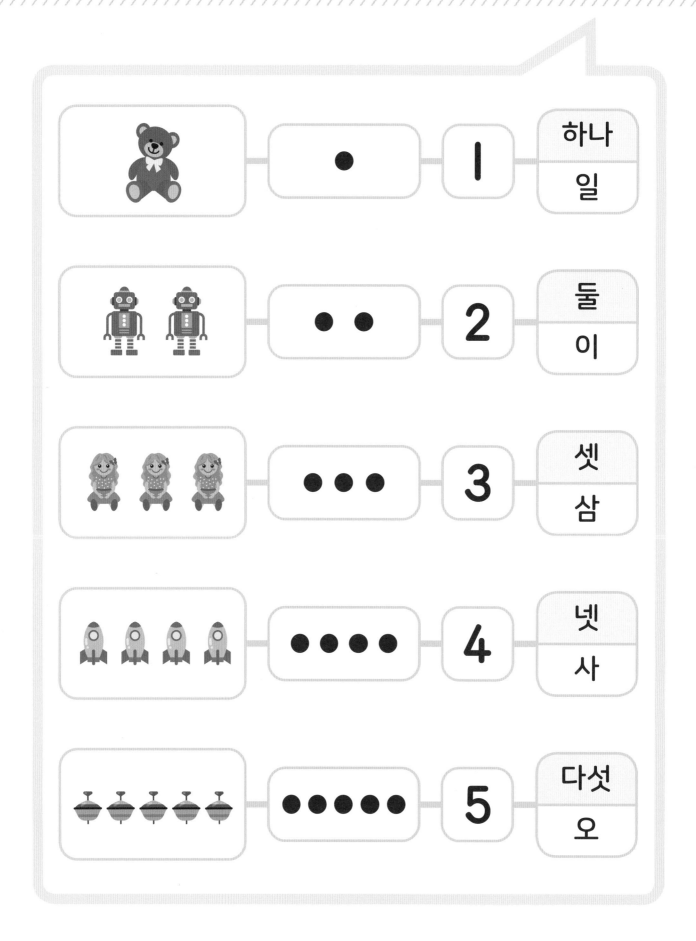

| | | | 하나 |
| | • | 1 | 일 |

| | • • | 2 | 둘 |
| | | | 이 |

| | • • • | 3 | 셋 |
| | | | 삼 |

| | • • • • | 4 | 넷 |
| | | | 사 |

| | • • • • • | 5 | 다섯 |
| | | | 오 |

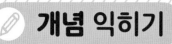

정답 2쪽

관계있는 것끼리 선으로 이으세요.

정답 2쪽

수만큼 붙임딱지를 붙이세요.

5

4

3

2

1

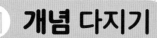

정답 2쪽

수만큼 붙임딱지를 붙이세요.

3

1

5

2

4

수를 바르게 읽은 것 2개를 골라 ◯표 하세요.

1 — 이 — (일) — 오 — (하나)

2 — 이 — 룰 — 일 — 둘

3 — 넷 — 셋 — 삼 — 사

4 — 사 — 삼 — 넷 — 셋

5 — 요 — 오 — 여섯 — 다섯

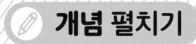
관계있는 것끼리 선으로 이으세요.

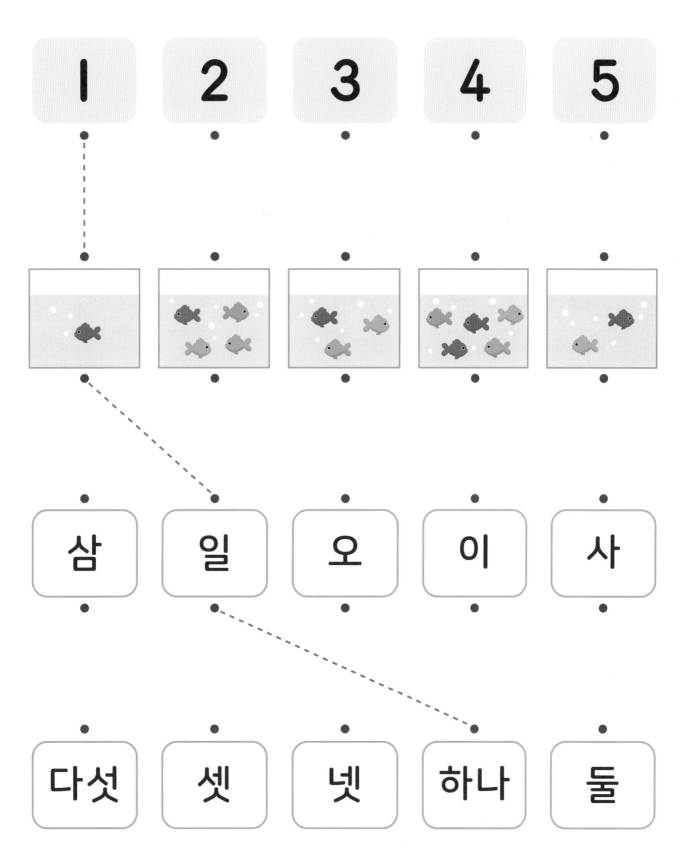

수를 따라 써 볼까요?

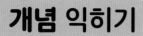

수를 세어 쓰세요.

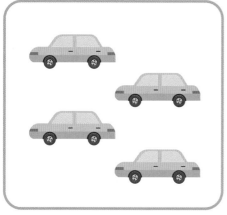

(4)

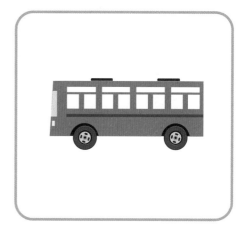

(   )

(   )

(   )

(   )

개념 다지기

정답 4쪽

빈칸에 알맞은 수를 쓰세요.

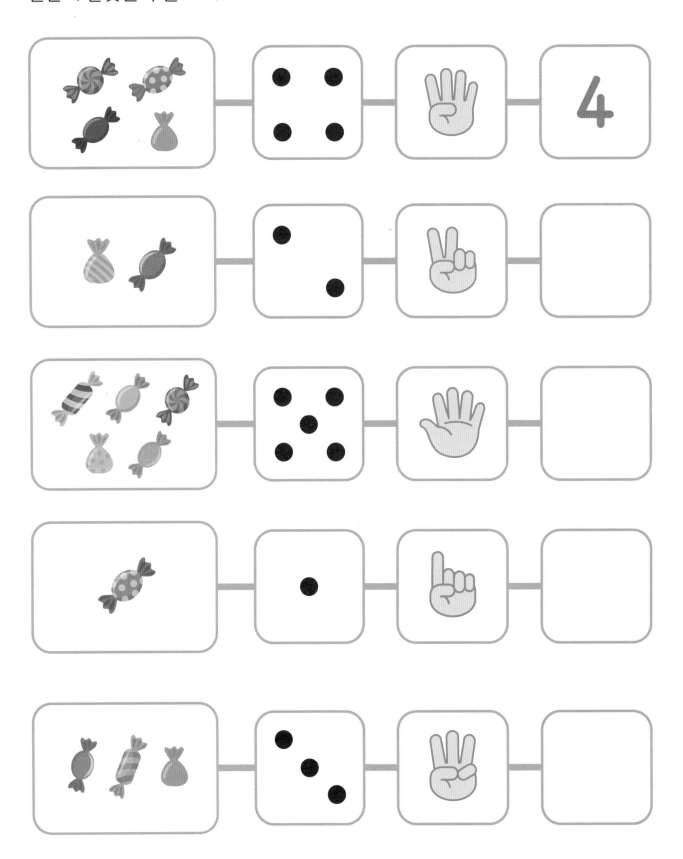

개념 펼치기

공을 종류별로 세어 개수만큼 ○를 그리고, 수를 쓰세요.

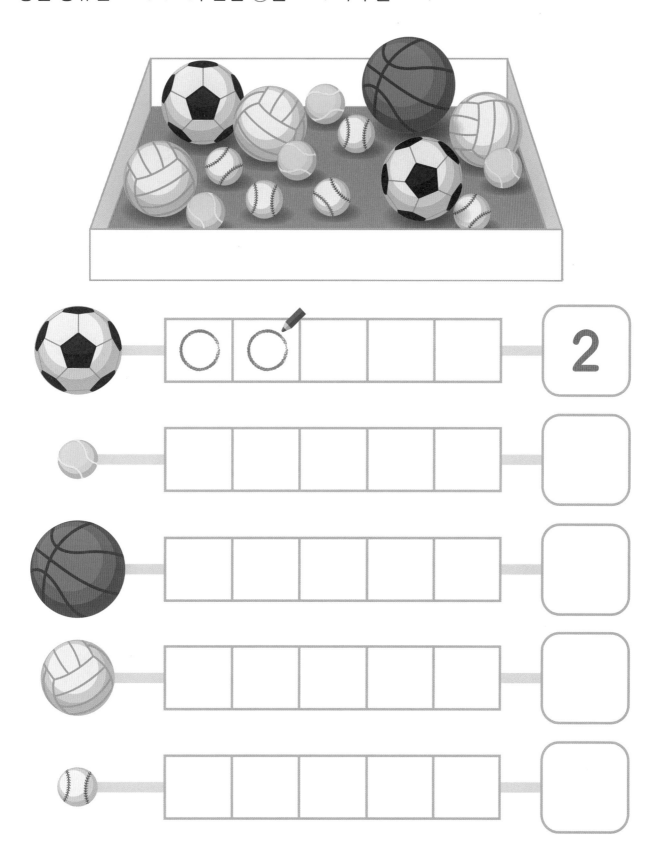

홍학이 7 마리 있어요.

홍학

하마

원숭이

악어

원숭이가 9 마리 있어요.

3 6, 7, 8, 9

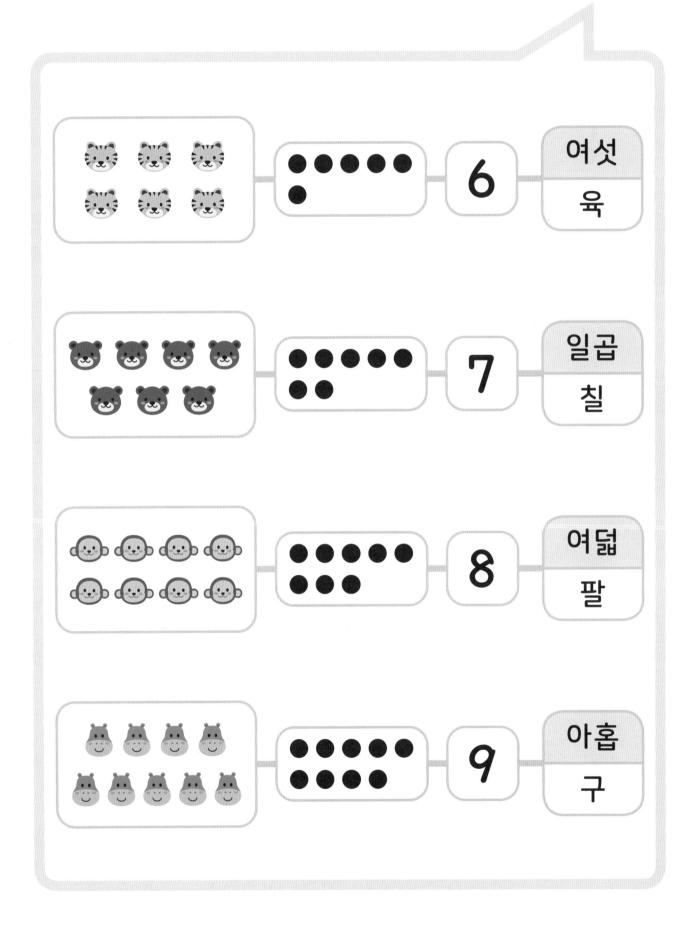

			여섯
	6		육

			일곱
	7		칠

			여덟
	8		팔

			아홉
	9		구

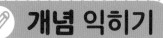

알맞은 수에 ○표 하세요.

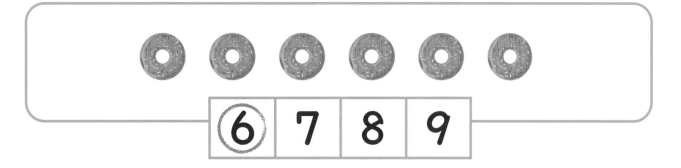

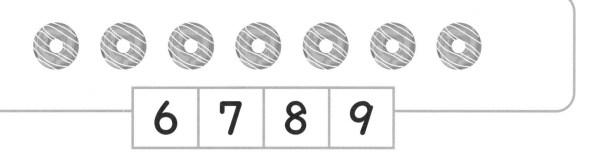

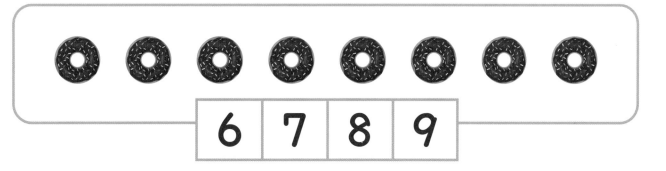

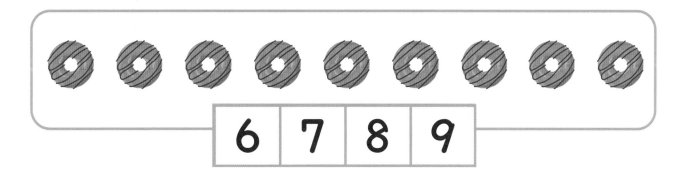

수만큼 붙임딱지를 붙이세요.

5   

6

7   

8

9   

수만큼 붙임딱지를 붙이세요.

7	5	9	6	8

수를 바르게 읽은 것 2개를 골라 ◯표 하세요.

5 — ⦸ 오 — 호 — ⦸ 다섯 — 여섯

6 — 욱 — 여섯 — 육 — 어섯

7 — 일곰 — 칟 — 일곱 — 칠

8 — 팔 — 팥 — 여덜 — 여덟

9 — 아옵 — 규 — 구 — 아홉

관계있는 것끼리 선으로 이으세요.

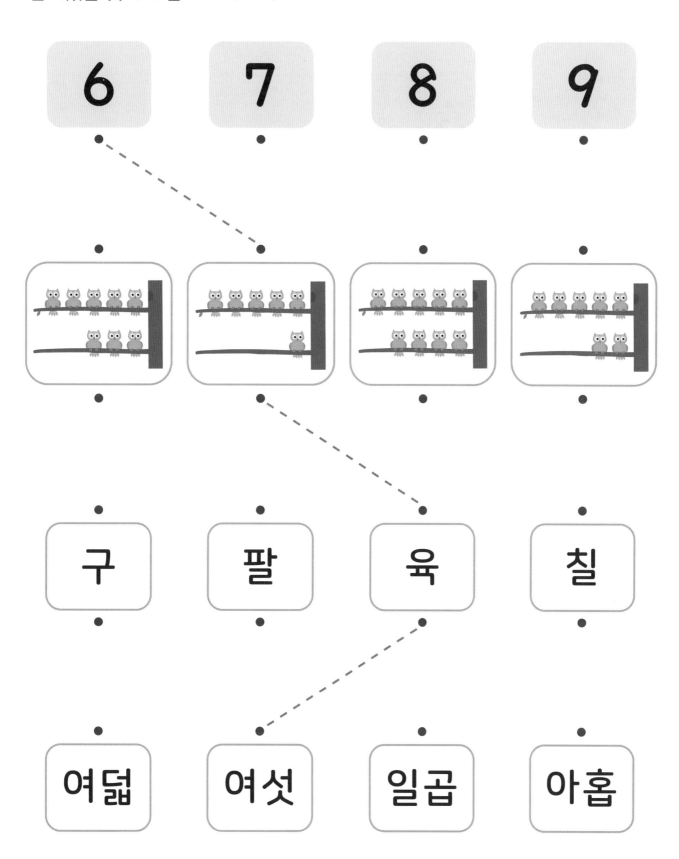

수를 따라 써 볼까요?

'일, 이, 삼, 사, 오'도 써 볼까요?

1	2	3	4	5

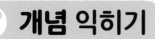

수를 세어 쓰세요.

(5)

( )

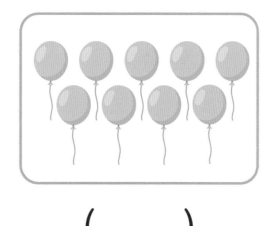

( )

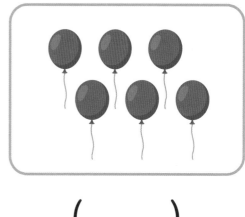

( )

( )

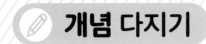

빈칸에 알맞은 수를 쓰세요.

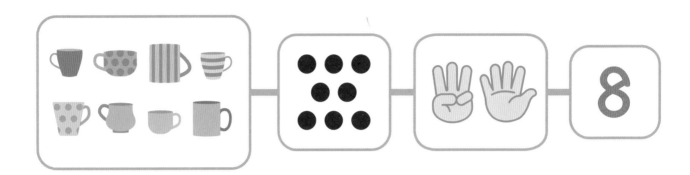

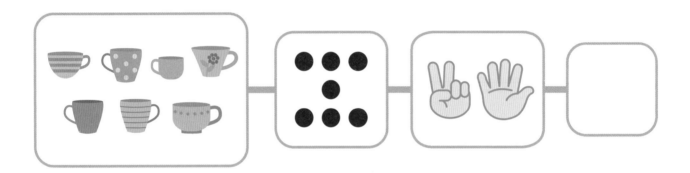

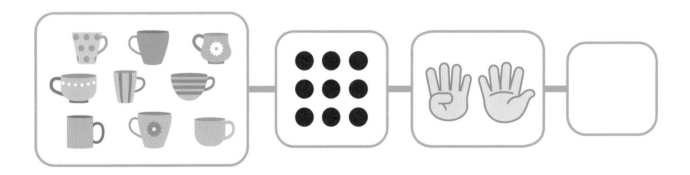

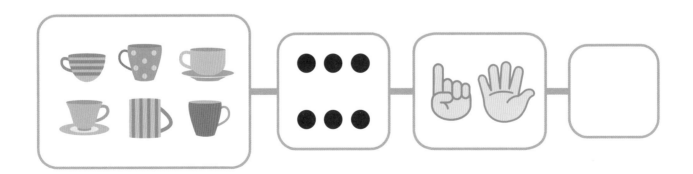

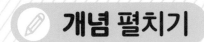

피자 토핑을 종류별로 세어 개수만큼 ○를 그리고, 수를 쓰세요.

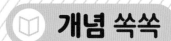

개념 익히기

정답 7쪽

물음에 답하세요.

위의 그림에서 **둘째**에 있는 사람은 누구일까요?　(　서현　)

위의 그림에서 **넷째**에 있는 사람의 이름에 ○표 하세요.

위의 그림에서 **아홉째**에 있는 사람의 이름에 △표 하세요.

개념 다지기

정답 7쪽

옳은 설명에는 ○표, 틀린 설명에는 ✕표 하세요.

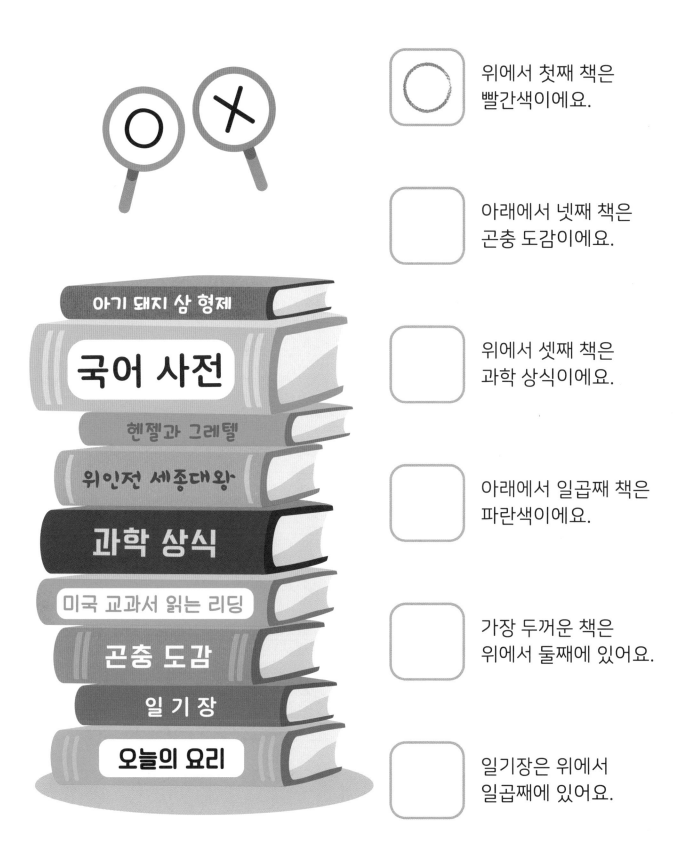

위에서 첫째 책은
빨간색이에요.

아래에서 넷째 책은
곤충 도감이에요.

위에서 셋째 책은
과학 상식이에요.

아래에서 일곱째 책은
파란색이에요.

가장 두꺼운 책은
위에서 둘째에 있어요.

일기장은 위에서
일곱째에 있어요.

설명에 알맞게 그림을 색칠하세요. (순서는 왼쪽부터입니다.)

| 수박이 넷 | |
| 넷째 수박 | |

| 여섯째 딸기 |  |
| 딸기가 여섯 |  |

| 바나나가 여덟 |  |
| 여덟째 바나나 |  |

| 다섯째 사과 | |
| 사과가 다섯 | |

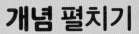

알맞게 선으로 이으세요.

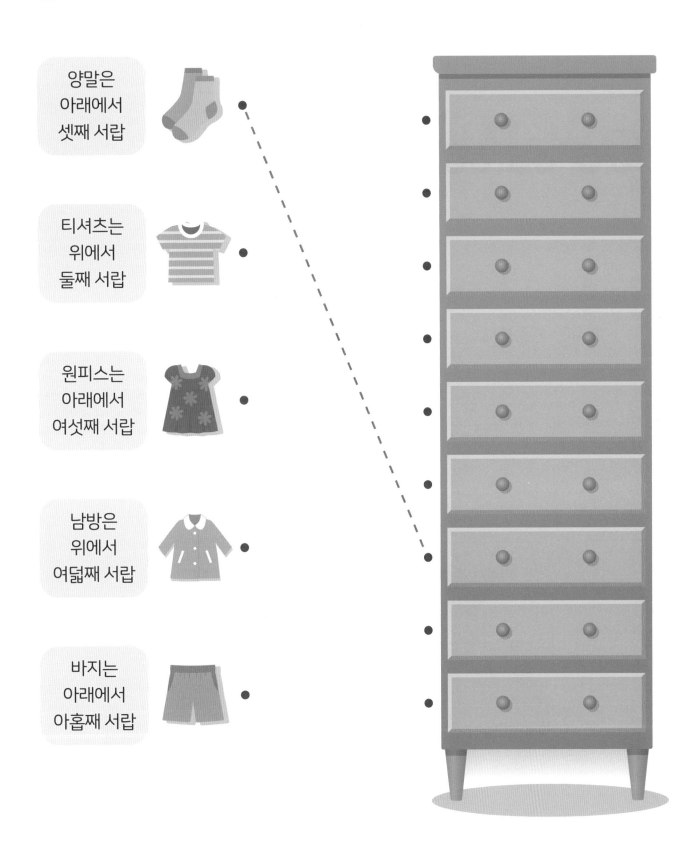

양말은
아래에서
셋째 서랍

티셔츠는
위에서
둘째 서랍

원피스는
아래에서
여섯째 서랍

남방은
위에서
여덟째 서랍

바지는
아래에서
아홉째 서랍

수에는 순서가 있어요.

✏️ 개념 익히기

정답 8쪽

수의 순서에 맞게 선으로 이으세요.

수의 순서에 맞게 빈칸에 수를 쓰세요.

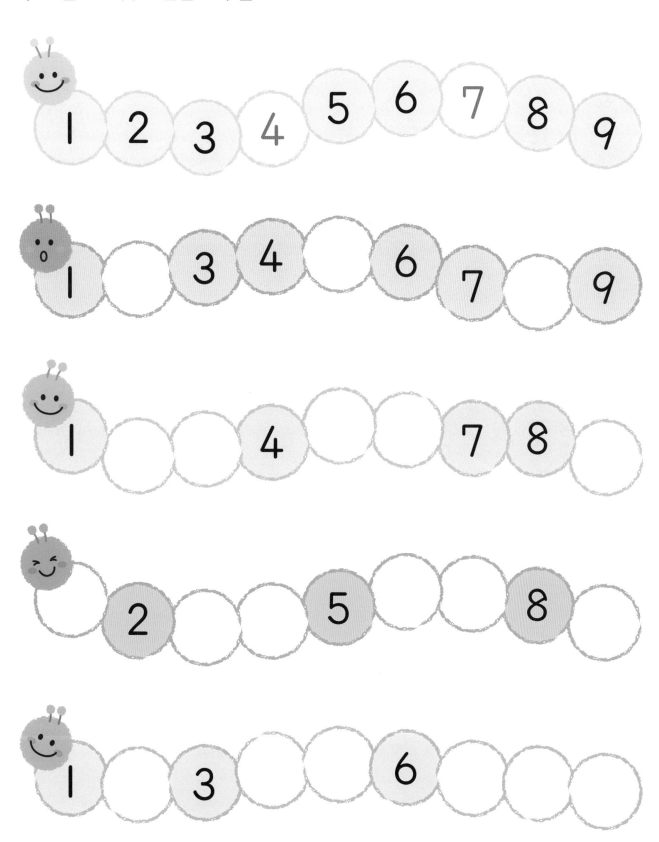

수의 순서가 거꾸로 되도록 빈칸에 수를 쓰세요.

9 8 7 6 5 4 3 2 1

9 ⬜ 7 6 ⬜ 4 ⬜ 2 1

⬜ 8 ⬜ 6 5 ⬜ 3 ⬜ 1

⬜ ⬜ 7 6 ⬜ 4 ⬜ ⬜ 1

9 ⬜ ⬜ ⬜ 5 ⬜ ⬜ 3 ⬜ ⬜

정답 8쪽

수의 순서가 틀린 곳을 2군데 찾아 ✕표 하고 바르게 고치세요.

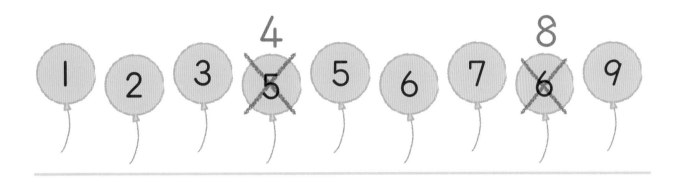

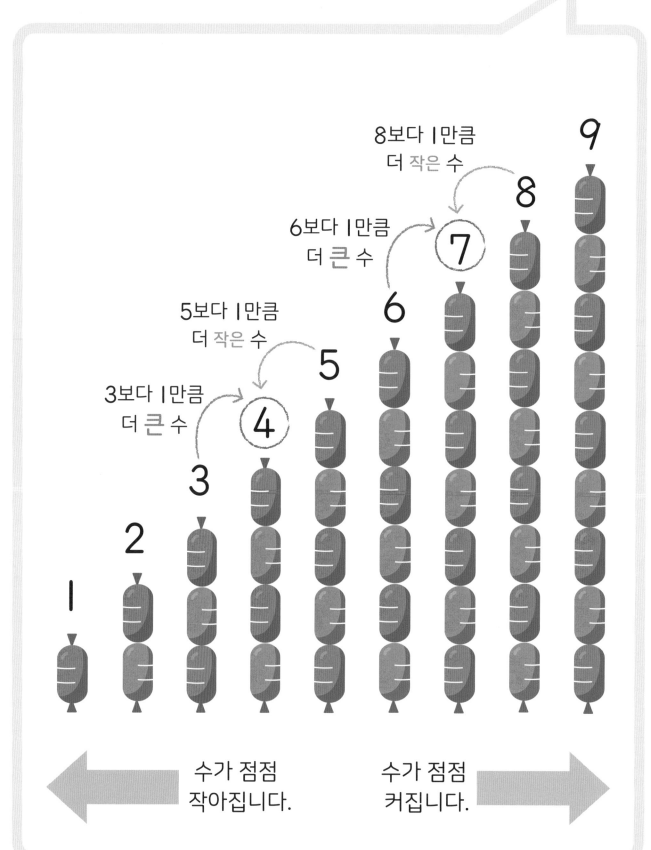

8보다 1만큼
더 작은 수

6보다 1만큼
더 큰 수

5보다 1만큼
더 작은 수

3보다 1만큼
더 큰 수

9
8
7
6
5
4
3
2
1

← 수가 점점 작아집니다.

수가 점점 커집니다. →

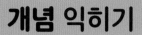
□에 사람 수를 쓰고 ○에 l만큼 더 작은 수, ○에 l만큼 더 큰 수를 쓰세요.

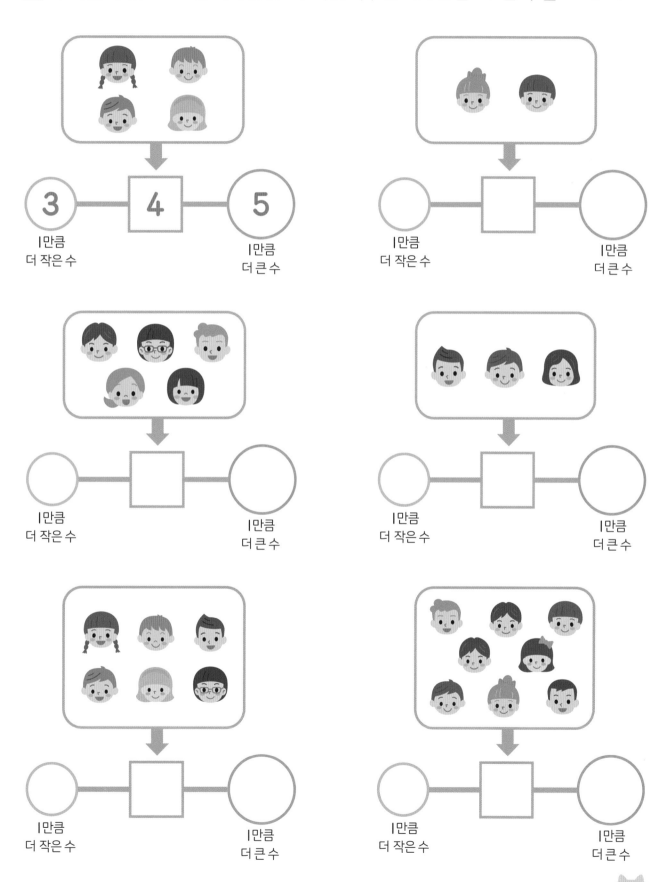

1만큼 더 큰 수를 쓰고 빈칸을 알맞게 채우세요.

3 — 4

3보다 1만큼 더 큰 수는 4 입니다.

6 — ☐

6보다 1만큼 더 큰 수는 ☐ 입니다.

4 — ☐

☐보다 1만큼 더 큰 수는 5입니다.

7 — ☐

7보다 1만큼 더 ☐ 수는 8입니다.

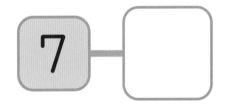 — ☐

5보다 ☐만큼 더 큰 수는 6입니다.

✏️ 개념 다지기

|만큼 더 작은 수를 쓰고 빈칸을 알맞게 채우세요.

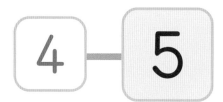

5보다 |만큼 더 작은 수는
4 입니다.

2보다 |만큼 더 작은 수는
□ 입니다.

8보다 □만큼 더 작은 수는
7입니다.

□보다 |만큼 더 작은 수는
5입니다.

9보다 |만큼 더 □ 수는
8입니다.

피자가 **2**조각　　　　피자가 **1**조각　　　　피자가 **0**조각

아무것도 없는 것을 **0**이라 쓰고 영이라고 읽어요.				
①**0**	0	0		

✏️ **개념 익히기**

정답 10쪽

꽃병의 꽃을 세어 보세요.

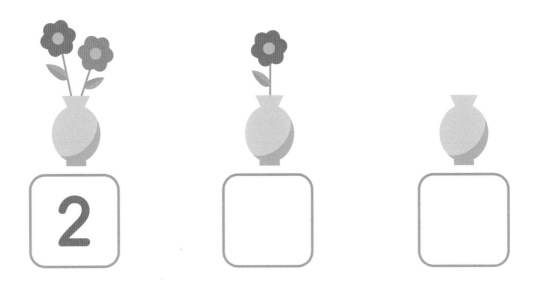

2		

덜어내고 남은 개수만큼 접시에 ○를 그리고, 몇 개인지 쓰세요.

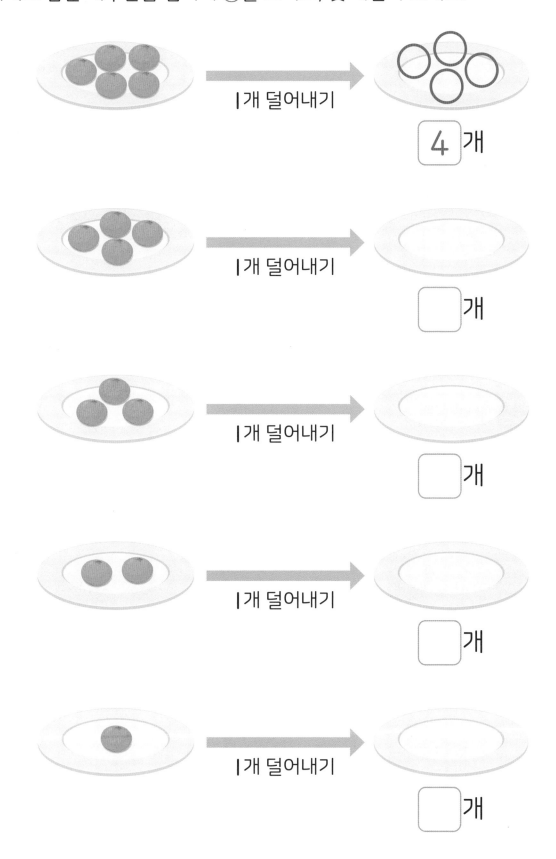

ㅣ개 덜어내기

4 개

ㅣ개 덜어내기

☐ 개

ㅣ개 덜어내기

☐ 개

ㅣ개 덜어내기

☐ 개

ㅣ개 덜어내기

☐ 개

9 수의 크기 비교

하나씩 비교했을 때 부족한 쪽이 〈 적습니다.
작습니다.

하나씩 비교했을 때 남는 쪽이 〈 많습니다.
큽니다.

는 보다 적습니다.

은 보다 많습니다.

3은 5보다 작습니다.

5는 3보다 큽니다.

개념 익히기

정답 10쪽

소라게와 소라 껍데기를 하나씩 이어 보고, 알맞은 말에 ○표 하세요.

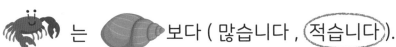
는 보다 (많습니다 , (적습니다)).

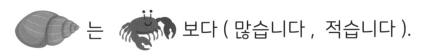
는 보다 (많습니다 , 적습니다).

개념 다지기

수만큼 △표를 그리고 알맞은 말에 ○표 하세요.

5 | △ | △ | △ | △ | △🖊 | | | |
5는 2보다
((큰니다), 작습니다).

2 | △ | △ | | | | | | |
2는 5보다
(큽니다, (작습니다)).

3 | | | | | | | | |
3은 8보다
(큽니다, 작습니다).

8 | | | | | | | | |
8은 3보다
(큽니다, 작습니다).

7 | | | | | | | | |
7은 4보다
(큽니다, 작습니다).

4 | | | | | | | | |
4는 7보다
(큽니다, 작습니다).

6 | | | | | | | | |
6은 9보다
(큽니다, 작습니다).

9 | | | | | | | | |
9는 6보다
(큽니다, 작습니다).

0 | | | | | | | | |
0은 5보다
(큽니다, 작습니다).

5 | | | | | | | | |
5는 0보다
(큽니다, 작습니다).

악어가 더 큰 수 쪽으로 입을 벌리도록 ◯ 안에 붙임딱지를 붙이세요.

악어가 큰 수 쪽으로 입을 벌리고 있습니다. **?** 안에 들어갈 수 있는 수에 모두 ○표 하세요.

5  **?** ⓪ ① ② ③ ④ 5 6 7 8 9

8  **?** 0 1 2 3 4 5 6 7 8 9

?  6 0 1 2 3 4 5 6 7 8 9

? 3 0 1 2 3 4 5 6 7 8 9

7 **?** 0 1 2 3 4 5 6 7 8 9

1 동물의 수만큼 ◯를 그리고 ☆ 안에 동물의 수를 쓰세요.

2 수만큼 그림을 ◯로 묶으세요.

7

3 관계있는 것끼리 선으로 이으세요.

사	오	삼

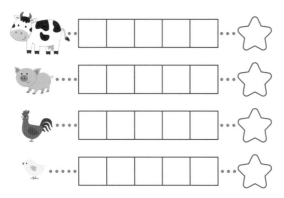

셋	넷	다섯

4 수를 세어 쓰세요.

(   )

5 수를 세어 알맞은 수에 ◯표 하세요.

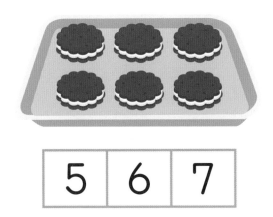

| 5 | 6 | 7 |

6 수를 두 가지 방법으로 바르게 읽은 사람을 골라 얼굴에 ◯표 하세요.

7 넷째 공룡에 ◯표 하세요.

첫째

8 알맞게 색칠하세요. (순서는 왼쪽에서부터입니다.)

| 여섯 | ☆ ☆ ☆ ☆ ☆ ☆ |
| 여섯째 | ☆ ☆ ☆ ☆ ☆ ☆ |

[9~10] 그림을 보고 물음에 답하세요.

9 아래에서부터 다섯째 층을 빨간색으로 색칠하세요.

10 위에서부터 일곱째 층을 파란색으로 색칠하세요.

11 수의 순서대로 길을 그려 보세요.

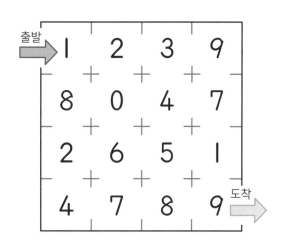

12 순서를 거꾸로 하여 수를 썼습니다. 빈칸에 알맞은 수를 쓰세요.

13 곰의 수보다 1만큼 더 작은 수가 되도록 ♡를 색칠하세요.

14 바나나맛 우유의 수보다 1만큼 더 큰 수를 쓰세요.

15 ☐ 안에 알맞은 수를 쓰세요.

16 알맞은 말에 ○표 하세요.

2는 5보다 (큽니다 , 작습니다).

17 4보다 크고 8보다 작은 수를 모두 찾아 ○표 하세요.

7 2 5 0 9

18 수를 세어 쓰고, 더 작은 수에 △표 하세요.

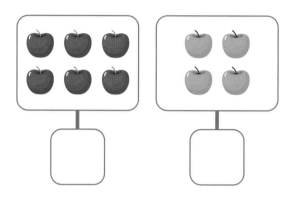

✏️서술형

19 다음 중 가장 큰 수가 무엇인지 풀이 과정과 기호를 쓰세요.

> ㉠ 육
>
> ㉡ 일곱
>
> ㉢ 5보다 1만큼 더 작은 수
>
> ㉣ 8보다 1만큼 더 큰 수

풀이

답 (   )

✏️서술형

20 윤서의 가방에 공책이 8권, 연필이 3자루 들어있습니다. 물건의 수가 더 적은 것은 무엇인지 풀이 과정을 쓰고 답을 구하세요.

풀이

답 (   )

참 잘했어요!

상상력 키우기

1 친구 전화번호 뒤의 네 자리에 어떤 숫자가 들어있나요?
모두 써 보세요. ✏️

2 가사를 보고 잘잘잘 노래를 불러 보세요. ♪

하나 하면 할머니가 지팡이 짚는다고 잘잘잘

둘 하면 두부 장수 두부를 판다고 잘잘잘

셋 하면 새색시가 거울을 본다고 잘잘잘

넷 하면 냇가에서 빨래를 한다고 잘잘잘

다섯 하면 다람쥐가 도토리 줍는다고 잘잘잘

여섯 하면 여우가 재주를 넘는다고 잘잘잘

일곱 하면 일꾼들이 나무를 벤다고 잘잘잘

여덟 하면 엿장수가 호박엿을 판다고 잘잘잘

아홉 하면 아버지가 마당을 쓴다고 잘잘잘

열 하면 열무 장수 열무가 왔다고 잘잘잘

2 여러 가지 모양

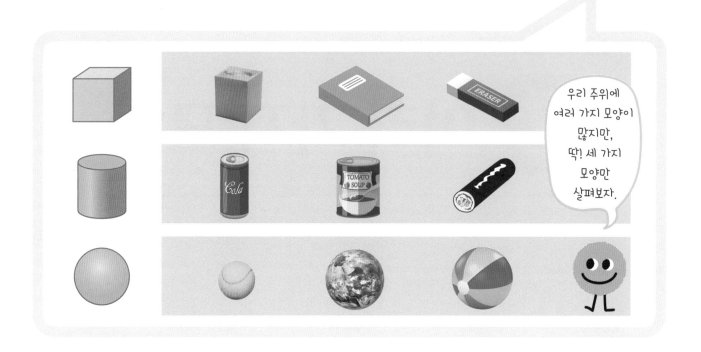

✏️ **개념 익히기**

정답 13쪽

같은 모양끼리 선으로 이으세요.

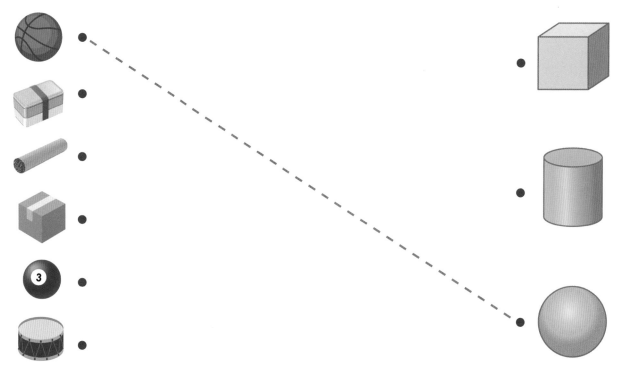

알맞은 모양에 ◯표 하세요.

 는 (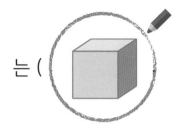 , ,) 모양입니다.

 은 (, ,) 모양입니다.

 은 (, ,) 모양입니다.

 는 (, ,) 모양입니다.

 는 (, ,) 모양입니다.

정답 13쪽

개념 익히기

바르게 설명한 것을 찾아 선으로 이으세요.

 ● - - - - - - - - - - - - - - - - - ● 뽀족한 부분이 있어요.

 ●

● 쌓을 수 없고, 어느 방향으로든 잘 굴러가요.

 ●

● 쌓을 수 있고, 눕히면 굴러가요.

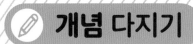
정답 13쪽

마술사의 모자 속에 어떤 모양의 물건이 들어있는지 ○표 하세요.

둥글고 길쭉해.

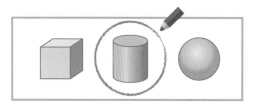

평평한데
뾰족한 부분도 있네.

전체가 둥글어.

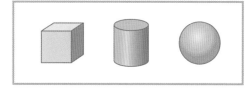

둥글기도 하고
평평하기도 해.

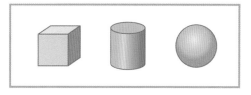

둥근 부분이
전혀 없어.

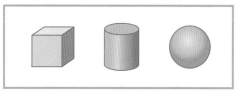

3 모양 만들기

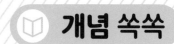

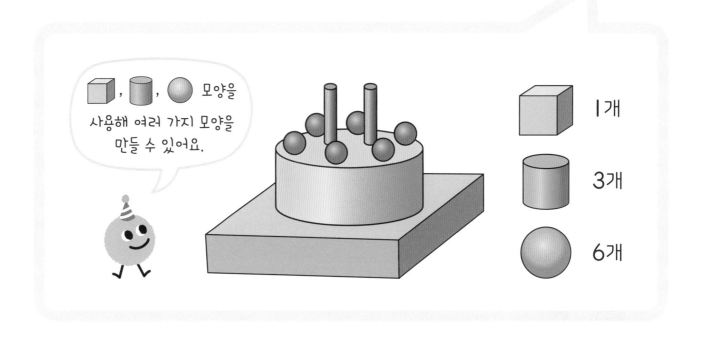

개념 익히기

정답 14쪽

아래의 모양을 만드는 데 , , 모양을 몇 개 사용했는지 세어 보세요.

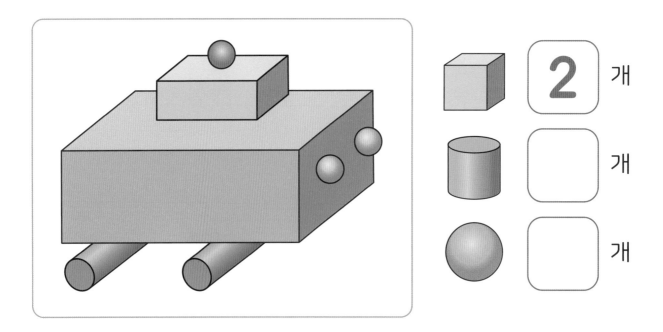

개념 다지기

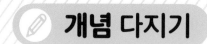, , 모양을 사용하여 여러 가지 모양을 만들었습니다. 두 그림을 보고, 다른 모양을 사용한 곳을 모두 찾아 ○표 하세요.

의자

(3군데)

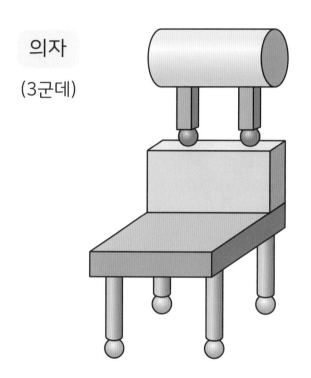

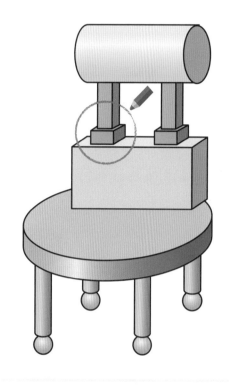

로봇

(4군데)

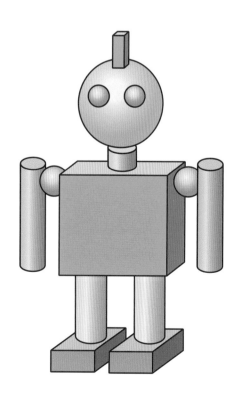

1 🛢️ 모양과 다른 모양 하나를 찾아 ✕표 하세요.

[2~4] 그림을 보고 물음에 답하세요.

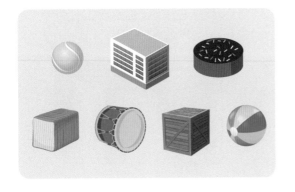

2 📦 모양에 □표 하고 개수를 세어 보세요.

_____ 개

3 🛢️ 모양에 △표 하고 개수를 세어 보세요.

_____ 개

4 🔵 모양에 ◯표 하고 개수를 세어 보세요.

_____ 개

5 관계있는 것끼리 선으로 이으세요.

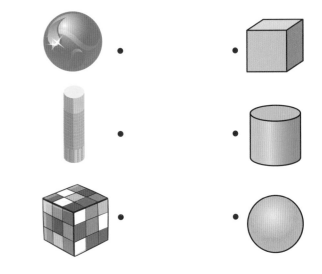

6 집에서 찾을 수 있는 🛢️ 모양의 물건을 2개 쓰세요.

(   )

7 다음 중 📦 모양인 것을 모두 찾아 ◯표 하세요.

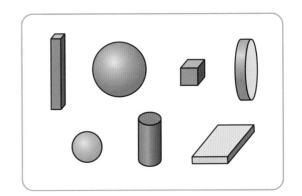

8 뾰족한 부분이 있고 쌓을 수 있는 물건을 모두 찾아 ◯표 하세요.

9 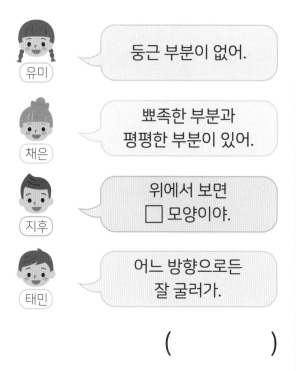 모양에 대해 잘못 말한 사람을 찾으세요.

유미 — 둥근 부분이 없어.

채은 — 뾰족한 부분과 평평한 부분이 있어.

지후 — 위에서 보면 ☐ 모양이야.

태민 — 어느 방향으로든 잘 굴러가.

(   )

10 모양의 평평한 부분이 몇 개인지 세어 보세요.

_____ 개

11 설명하는 모양을 찾아 ◯표 하세요.

- 둥근 부분이 있습니다.
- 평평한 부분이 있습니다.
- 세우면 쌓을 수 있습니다.
- 한 방향으로 잘 굴러갑니다.

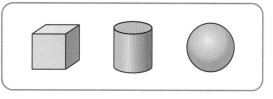

12 아래 그림과 같은 주사위에서 평평한 부분이 몇 개인지 세어 보세요.

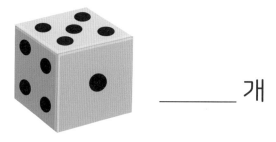

_____ 개

13 어떤 방향에서 보아도 ◯로 보이는 모양에 ◯표 하세요.

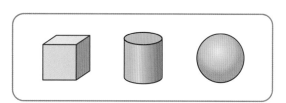

14 아래의 모양을 만드는 데 사용하지 않은 모양을 찾아 ✕표 하세요.

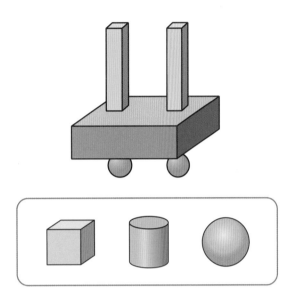

15 아래의 모양을 앞에서 본 모습을 찾아 ◯표 하세요.

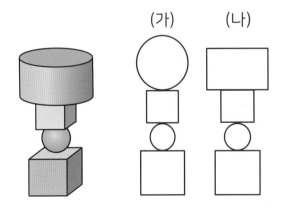

16 아래의 모양을 만드는 데 🔲, 🔵, ⚫ 모양을 몇 개 사용했는지 세어 보세요.

 _____ 개

 _____ 개

 _____ 개

17 아래의 모양을 만드는 데 가장 많이 사용한 모양에 ○표 하세요.

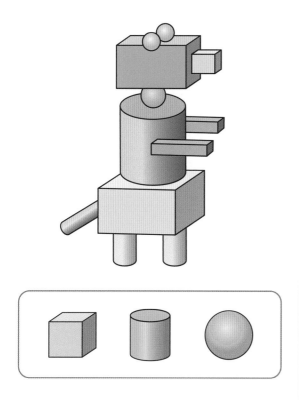

18 모양을 규칙적으로 늘어놓았습니다. 다음에 나올 모양을 골라 ○표 하세요.

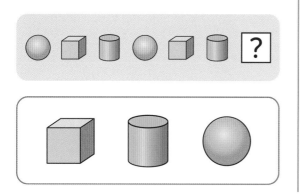

19 집이 ⚪ 모양이 아닌 이유가 무엇인지 자신의 생각을 쓰세요.

이유

20 자동차 바퀴가  모양이 아닌 이유가 무엇인지 자신의 생각을 쓰세요.

이유

상상력 키우기

2단원: 여러 가지 모양

1 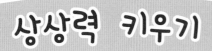 모양에 자유롭게 이름을 붙여 주세요.

의 이름:

의 이름:

의 이름:

2 여러분의 가장 소중한 보물을 보관하는 통을 만든다면 ⬜, ⬛, ⚪ 모양 중에 어떤 모양으로 만들고 싶은가요? 그 이유는 무엇인가요?

3 덧셈과 뺄셈

1 모으기와 가르기 (1)

두 발을 모아요.

머리카락을 모아요.

강아지들이 모여요.

모으는 것은,
흩어진 것을 한자리에 함께 두는 것입니다.

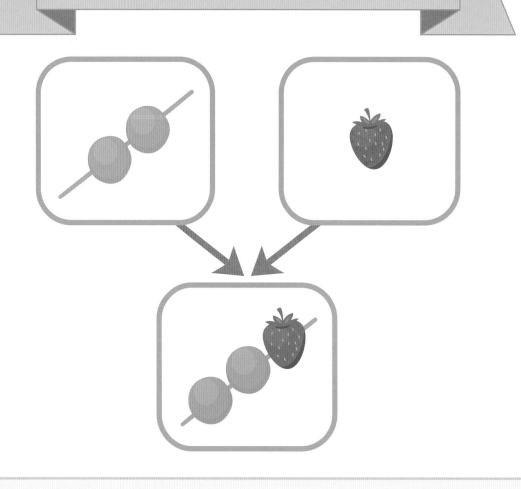

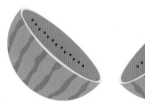

수박을 갈라요.

팀을 갈라요.

가르는 것은,
함께 있는 것을 따로 떼어 두는 것입니다.

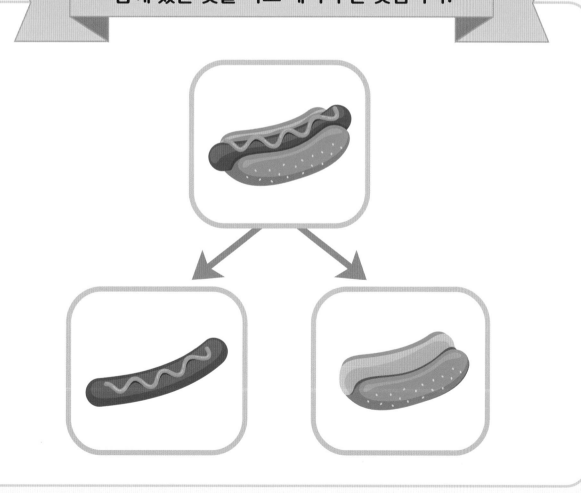

그림을 이용해 모으기와 가르기를 해요.

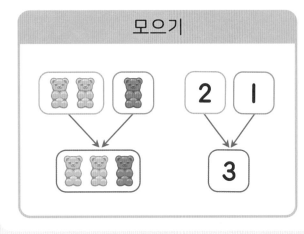

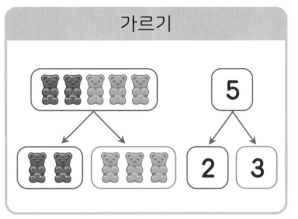

✏️ **개념 익히기**

정답 16쪽

그림을 보고 모으기와 가르기를 하세요.

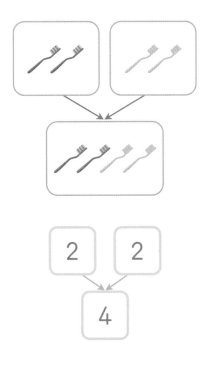

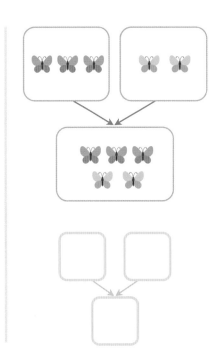

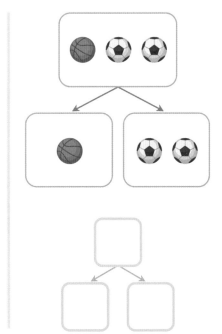

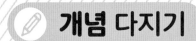
그림을 보고 모으기와 가르기를 하세요.

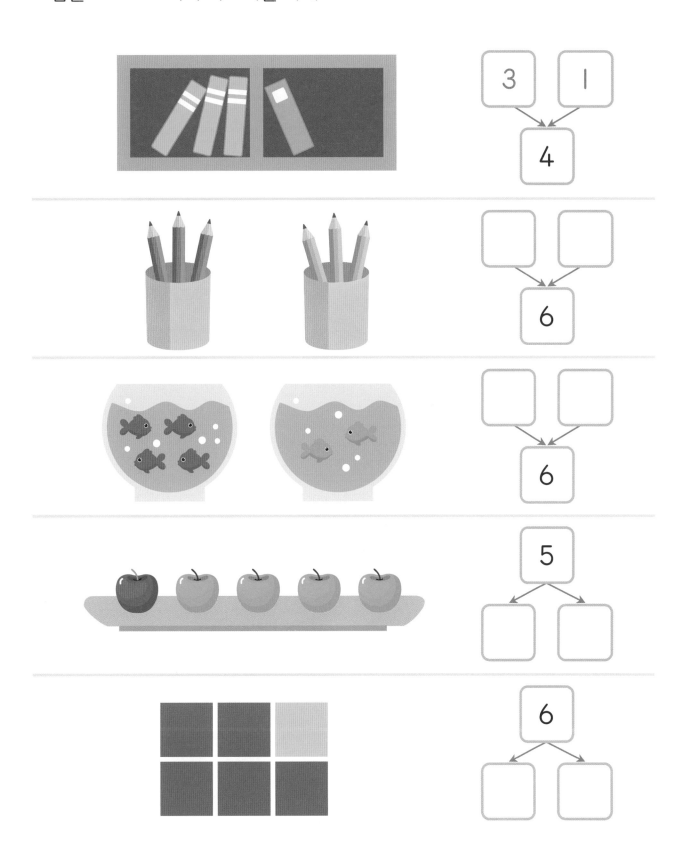

그림과 다르게 모으기와 가르기를 한 것을 골라 ✕표 하세요.

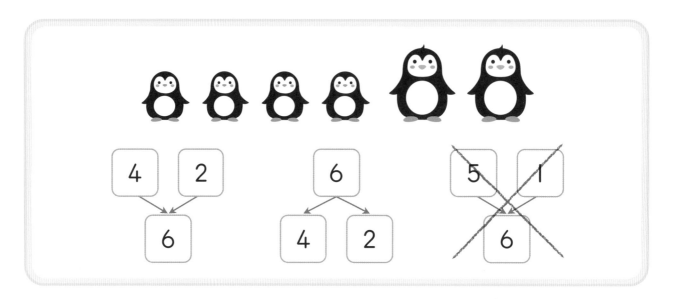

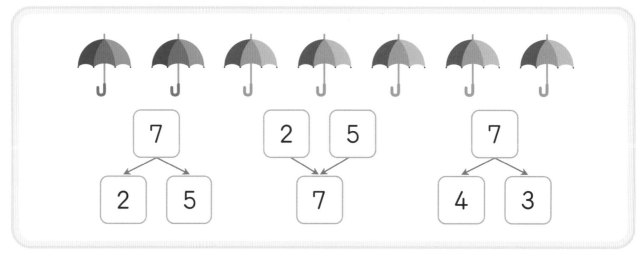

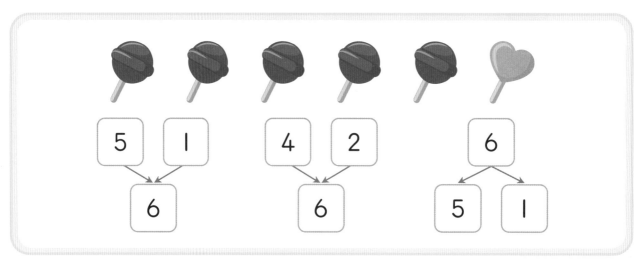

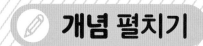

그림을 보고 두 가지 방법으로 가르기를 하세요.

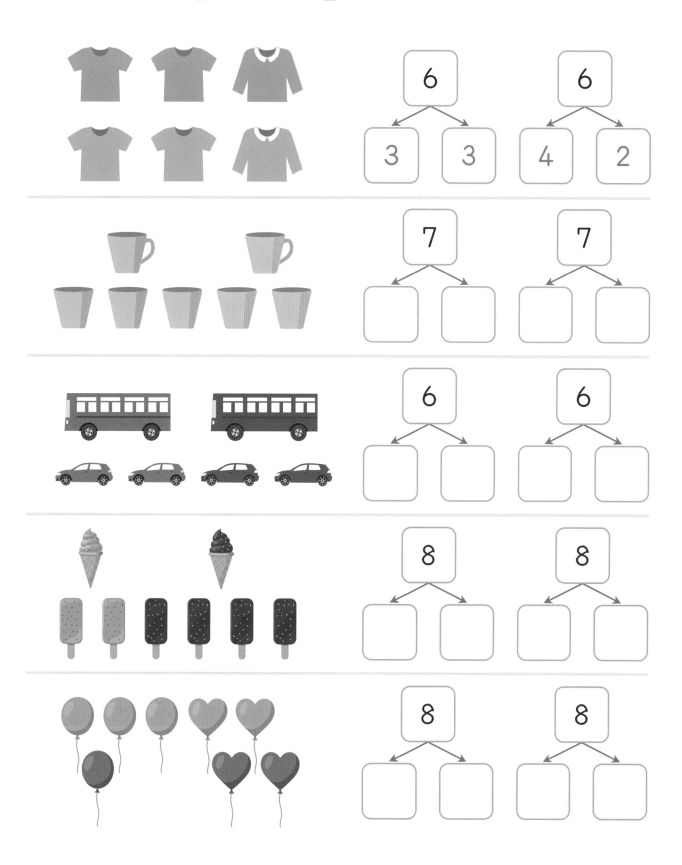

수를 이용해 모으기와 가르기를 해요.

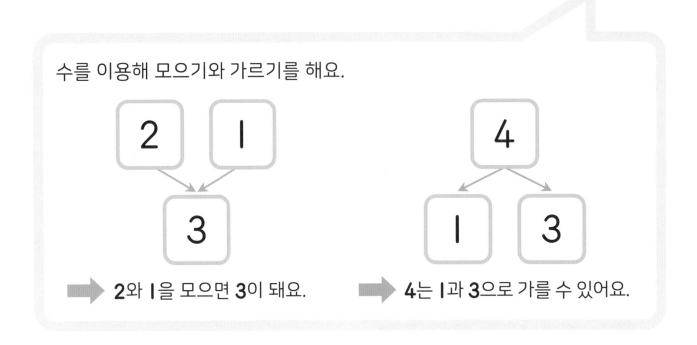

➡️ **2**와 **1**을 모으면 **3**이 돼요.　　➡️ **4**는 **1**과 **3**으로 가를 수 있어요.

✏️ **개념 익히기**　　정답 17쪽　

모으기와 가르기를 하세요.

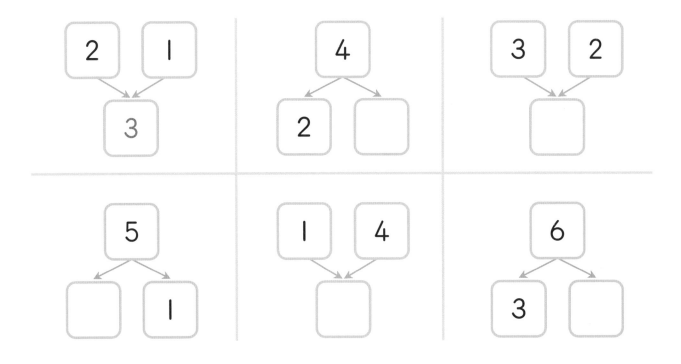

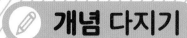

정답 17쪽

빈 ◯를 색칠하고 6을 가르기 하세요.

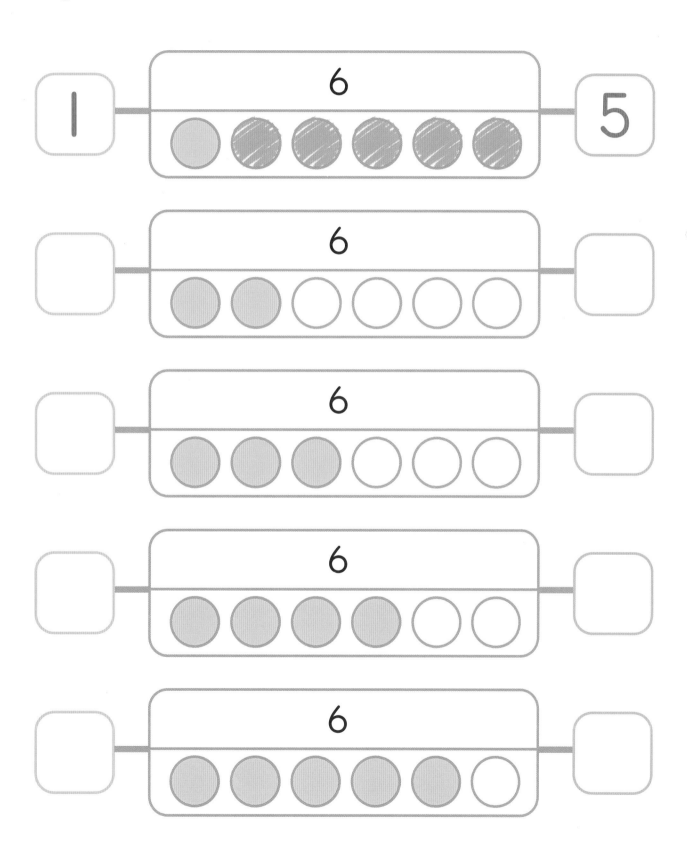

달걀을 바구니에 나누어 담아요. 노란 바구니보다 파란 바구니에 더 많게 두 가지 방법으로 가르기 하세요.

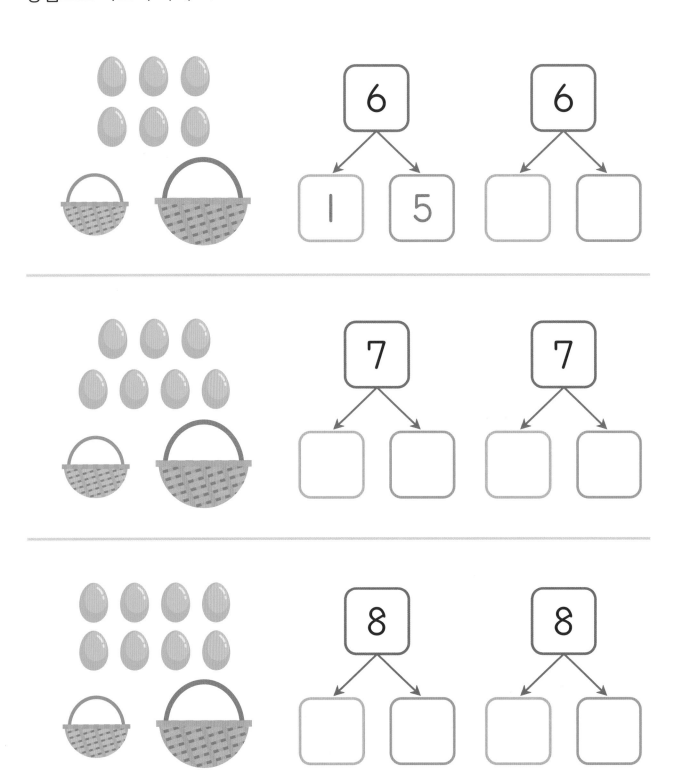

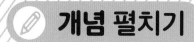

정답 17쪽

모으기를 하여 ☆ 안의 수가 되도록 두 수를 묶으세요.

📖 **개념 쏙쏙**

더하는 이야기에서는 수가 늘어나요.

빼는 이야기에서는 수가 줄어들어요.

✏️ **개념 익히기**

정답 18쪽

그림을 보고 알맞은 수에 ○표 하세요.

더하는 이야기

의자에 앉아있는 아이가 (2 , ③)명,
바닥에 앉아있는 아이가 (1 , ②)명
이므로 모두 (5 , 6)명입니다.

빼는 이야기

의자가 (4 , 5)개이고, 의자에
앉아있는 아이가 (3 , 4)명이므로
빈 의자는 (1 , 2)개입니다.

그림을 보고 이야기에 알맞은 말에 ○표 하세요.

● 남자 아이와 여자 아이의 풍선을 (모으면, 가르면) 모두 5개입니다.

● 여자 아이의 풍선이 남자 아이의 풍선보다 (더 많습니다 , 더 적습니다).

● 풍선 4개에서 풍선 1개가 날아가면 3개가 (먹습니다 , 남습니다).

● 빨간 풍선과 노란 풍선을 모으면 (매우, 모두 , 빼기) 3개입니다.

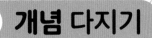

그림을 보고 **보기** 를 이용하여 이야기를 만들어 보세요.

보기

| 모으면 | 가르면 | 더 많습니다 | 모두 | 남습니다 |

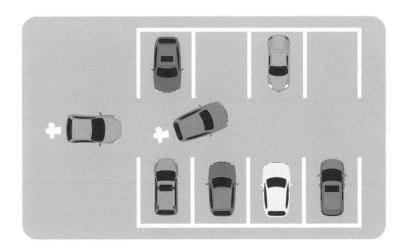

● 주차장에 있는 자동차는 들어오는 자동차보다 │ 더 많습니다 │.

● 자동차 6대가 있는데 2대가 더 들어와서 │   │ 8대가 되었습니다.

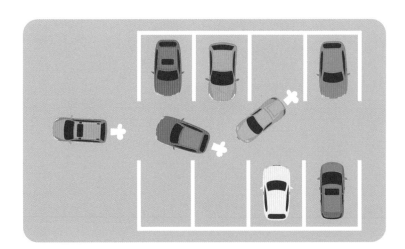

● 자동차 8대가 있는데 3대가 나가면 5대가 │   │.

● 주차장에 남는 자동차는 나가는 자동차보다 │   │.

그림을 보고 두 가지 이야기를 만들어 보세요.

● 빨간색 알이 ⎡4⎤개, 파란색 알이 ⎡2⎤개이므로 모두 ☐개입니다.

● 빨간색 알이 ☐개, 파란색 알이 ☐개이므로 빨간색 알이 파란색 알보다 ☐개 더 많습니다.

● 자전거를 탄 아이가 ☐명, 스케이트보드를 탄 아이가 ☐명이므로 모두 ☐명입니다.

● 자전거를 탄 아이가 ☐명, 스케이트보드를 탄 아이가 ☐명이므로 자전거를 탄 아이가 스케이트보드를 탄 아이보다 ☐명 더 많습니다.

4 덧셈 (1)

2명이 있는데   1명이 더 와서   3명이 되었습니다.

새 2마리가 있는데   1마리가 더 날아와서   3마리가 되었습니다.

꽃 2송이가 있는데   1송이를 더 받아서   3송이가 되었습니다.

$$2 \quad 1$$
$$3$$

$$\Rightarrow \quad 2+1=3$$

2 + 1 = 3

뜻	2개에 1개를 더하면 3개가 됩니다.
+	"더한다", "합한다" 라는 뜻
=	"같다" 라는 뜻

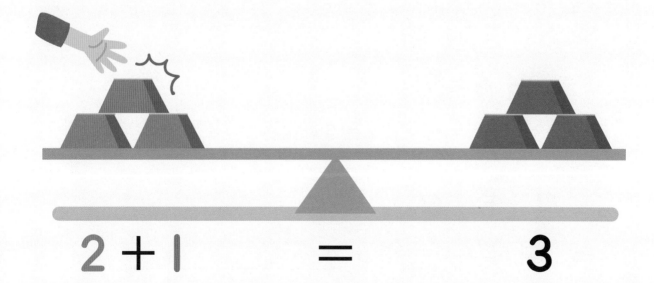

2 + 1   =   3

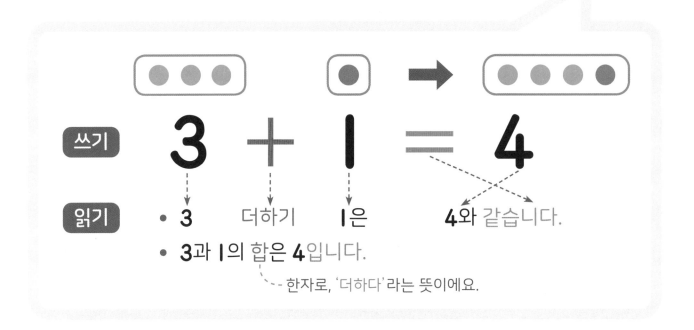

쓰기	$3 + 1 = 4$	
읽기	• 3 더하기 1은 4와 같습니다.	
	• 3과 1의 합은 4입니다.	

└─ 한자로, '더하다'라는 뜻이에요.

✏️ 개념 익히기

정답 19쪽

덧셈식을 읽어 보세요.

2 + 2 = 4

→ 2 ＿＿ 더하기 ＿＿ 2는 4와 ＿＿＿＿ 같습니다. ＿＿＿＿

3 + 4 = 7

→ 3 ＿＿＿＿＿ 4는 7과 ＿＿＿＿＿＿＿＿

1 + 5 = 6

→ 1과 5의 ＿＿＿＿ 은 6 ＿＿＿＿＿＿＿＿＿

개념 다지기

그림에 알맞은 덧셈식을 쓰고 읽어 보세요.

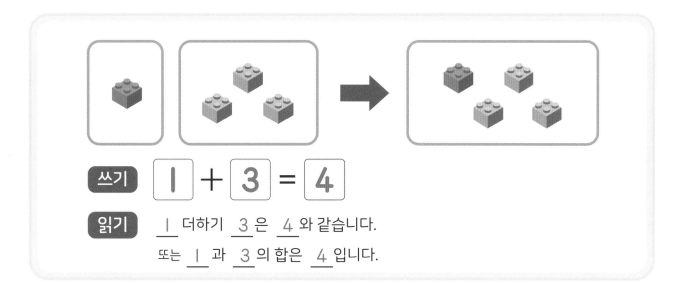

쓰기 $1 + 3 = 4$

읽기   1 더하기 3 은 4 와 같습니다.
또는 1 과 3 의 합은 4 입니다.

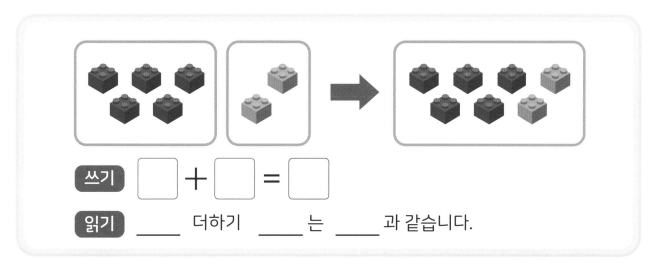

쓰기   ☐ + ☐ = ☐

읽기   ____ 더하기 ____ 는 ____ 과 같습니다.

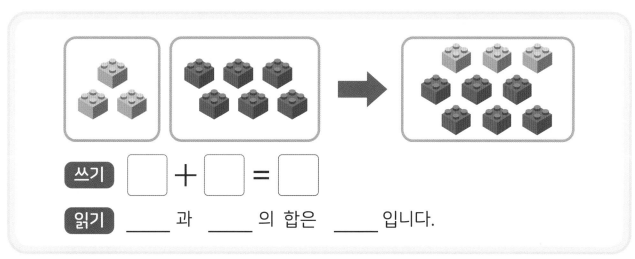

쓰기   ☐ + ☐ = ☐

읽기   ____ 과 ____ 의 합은 ____ 입니다.

개념 펼치기

빈칸을 알맞게 채우고 바르게 읽은 것과 선으로 이으세요.

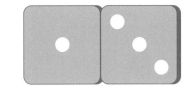

$1 + 3 = 4$

• 4와 2의 합은 6입니다.

$\boxed{} + \boxed{} = \boxed{}$

• 1 더하기 3은 4와 같습니다.

$\boxed{} + \boxed{} = \boxed{}$

• 3과 6의 합은 9입니다.

$\boxed{} + \boxed{} = \boxed{}$

• 1 더하기 7은 8과 같습니다.

$\boxed{} + \boxed{} = \boxed{}$

• 5 더하기 2는 7과 같습니다.

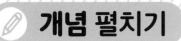

정답 19쪽

덧셈식을 쓰고 읽어 보세요.

| 쓰기 | $3 + 4 = 7$ | 읽기 | 3 더하기 4는 7과 같습니다. |

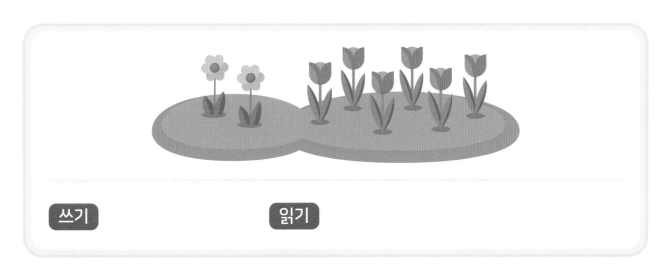

| 쓰기 | | 읽기 | |

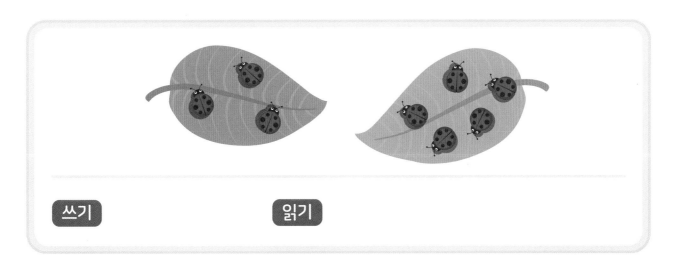

| 쓰기 | | 읽기 | |

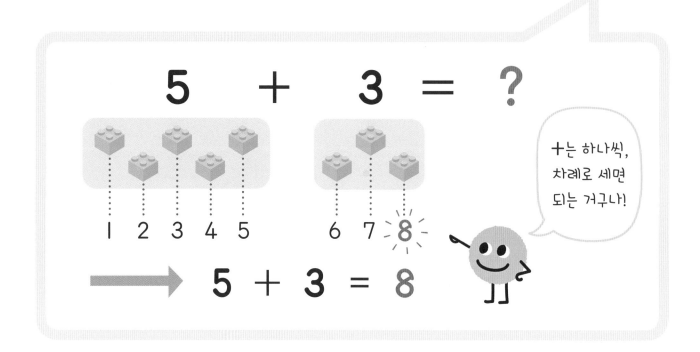

✏️ 개념 익히기

정답 20쪽

그림의 개수를 세면서 덧셈을 하세요.

$2 \quad + \quad 4 \quad = \boxed{6}$

$3 \quad + \quad 3 \quad = \boxed{}$

$5 \quad + \quad 2 \quad = \boxed{}$

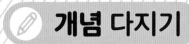

알맞게 ○를 그려 덧셈을 하세요.

$2 + 4 = \boxed{6}$

$1 + 5 = \boxed{}$

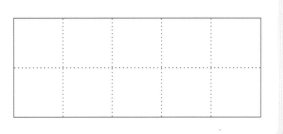

$7 + 1 = \boxed{}$

$3 + 4 = \boxed{}$

$6 + 3 = \boxed{}$

$2 + 7 = \boxed{}$

계단에 알맞게 표시하고 덧셈을 하세요.

5 + 4 = $\boxed{9}$

4 + 3 = $\boxed{}$

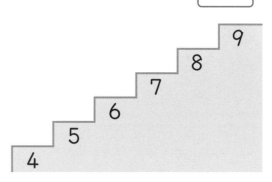

6 + 3 = $\boxed{}$

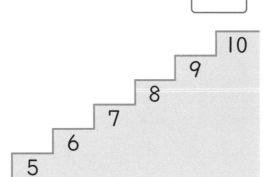

2 + 5 = $\boxed{}$

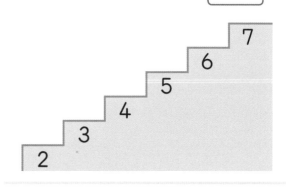

7 + 2 = $\boxed{}$

4 + 4 = $\boxed{}$

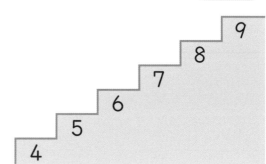

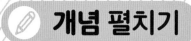
모으기를 하고, 덧셈식으로 쓰세요.

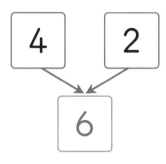

$4 + 2 = \boxed{6}$

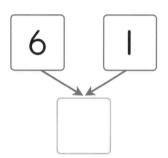

$6 + 1 = \boxed{}$

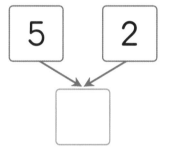

$5 + 2 = \boxed{}$

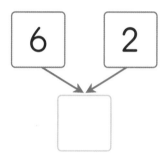

$6 + 2 = \boxed{}$

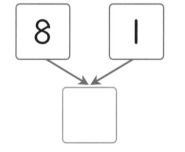

$8 + 1 = \boxed{}$

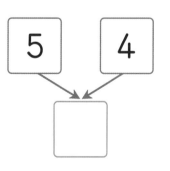

$5 + 4 = \boxed{}$

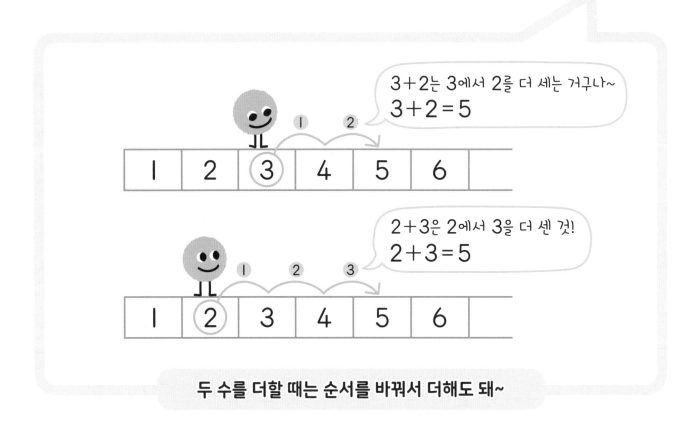

두 수를 더할 때는 순서를 바꿔서 더해도 돼~

✏️ 개념 익히기

정답 21쪽

띠를 이용하여 두 수의 순서를 바꾸어 더해 보세요.

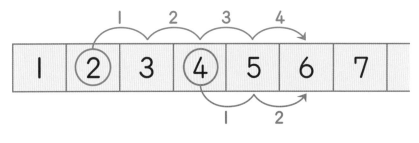

$2 + 4 = \boxed{6}$

$4 + 2 = \boxed{}$

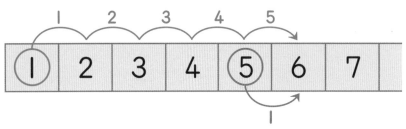

$1 + 5 = \boxed{}$

$5 + 1 = \boxed{}$

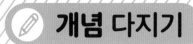
그림을 보고 □ 안에 알맞은 수를 쓰세요.

$5 + \boxed{2} = \boxed{7}$

$\boxed{} + \boxed{} = \boxed{}$

$\boxed{} + 5 = \boxed{}$

$\boxed{} + \boxed{} = \boxed{}$

$\boxed{} + 6 = \boxed{}$

$\boxed{} + \boxed{} = \boxed{}$

$6 + \boxed{} = \boxed{}$

$\boxed{} + \boxed{} = \boxed{}$

빈칸에 알맞은 수를 쓰고 합이 같은 덧셈식끼리 선으로 이으세요.

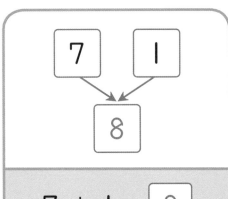

$7 + 1 = 8$

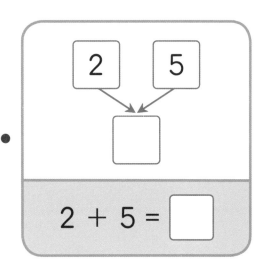

$2 + 5 = $

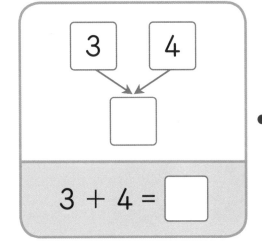

$3 + 4 = $

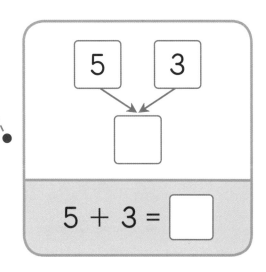

$5 + 3 = $

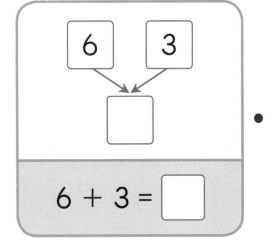

$6 + 3 = $

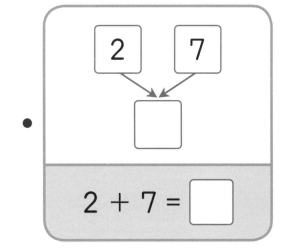

$2 + 7 = $

✏️ **개념 펼치기**

덧셈을 하세요.

5 + 1 = 6

4 + 2 = ☐

3 + 3 = ☐

2 + 4 = ☐

1 + 5 = ☐

7 + 2 = ☐

6 + 3 = ☐

5 + 4 = ☐

4 + 5 = ☐

3 + 6 = ☐

4 + 1 = ☐

4 + 2 = ☐

4 + 3 = ☐

4 + 4 = ☐

4 + 5 = ☐

1 + 3 = ☐

2 + 3 = ☐

3 + 3 = ☐

4 + 3 = ☐

5 + 3 = ☐

7 뺄셈 (1)

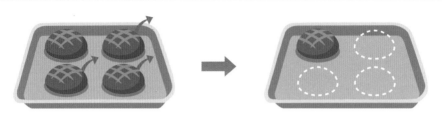

빵 4개에서 3개를 먹으면   1개가 남아요.

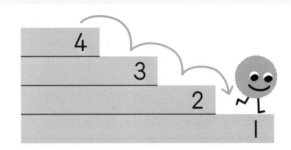

4칸에서 3칸을 내려오면
1칸입니다.

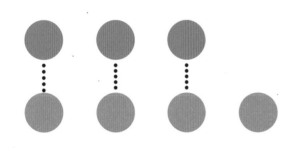

파란색이 1개 더 많아요.

$$4 - 3 = 1$$

4

3   1

4 − 3 = 1

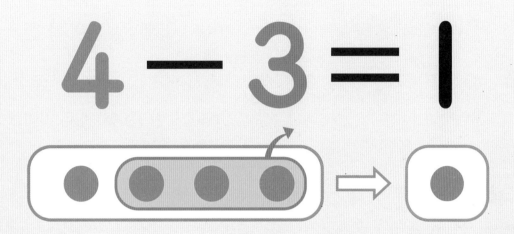

뜻	4개에서 3개를 지우면 1개가 남습니다.
−	"뺀다", "지운다" 라는 뜻
=	"같다" 라는 뜻

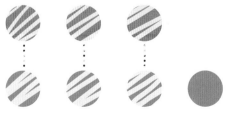

빼기는 지우기야!

 개념 쏙쏙

지우고 남은 것	개수의 차이
● ● ⊙➤ ● ● ● 3 − 1 = 2	● ● ● ● 3 − 1 = 2 ➤ 노란 공이 2개 더 많아요.

쓰기 **3 − 1 = 2**

읽기
- **3** 빼기 **1**은 **2**와 같습니다.
- **3**과 **1**의 차는 **2**입니다.

     └--- 한자로, '비교했을 때 다른 정도'를 뜻해요.

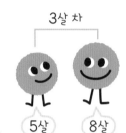

3살 차

5살   8살

✏ 개념 익히기

정답 22쪽

뺄셈식을 읽어 보세요.

$$7 - 5 = 2$$

→ 7 ___빼기___ 5는 2와 ___같습니다___ 같습니다.

$$4 - 2 = 2$$

→ 4 _____ 2는 2와 _____

$$6 - 3 = 3$$

→ 6과 3의 _____ 는 3 _____

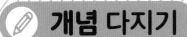
뺄셈식을 쓰고 읽어 보세요.

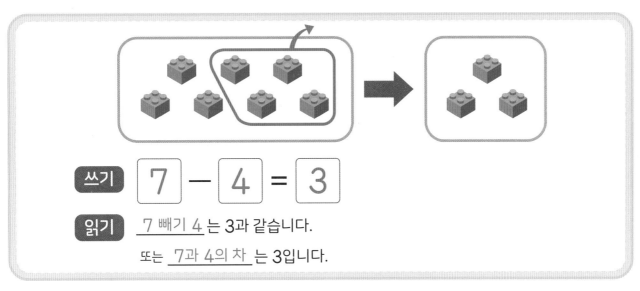

쓰기 $7 - 4 = 3$

읽기 7 빼기 4 는 3과 같습니다.

또는 7과 4의 차 는 3입니다.

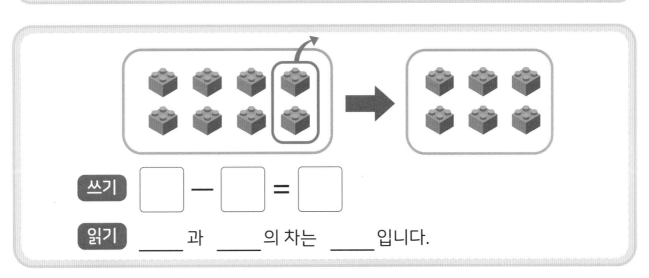

쓰기 ☐ — ☐ = ☐

읽기 ____ 빼기 ____ 는 ____ 와 같습니다.

쓰기 ☐ — ☐ = ☐

읽기 ____ 과 ____ 의 차는 ____ 입니다.

빼셈식을 쓰고 읽어 보세요.

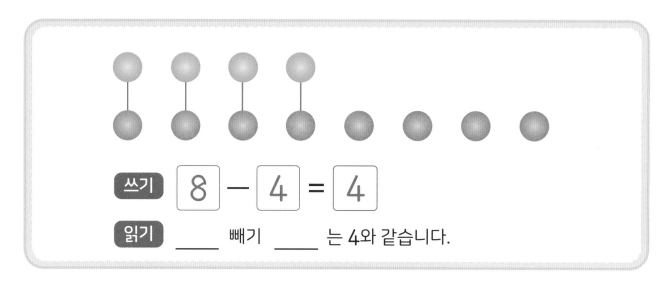

쓰기 8 − 4 = 4

읽기 ____ 빼기 ____ 는 4와 같습니다.

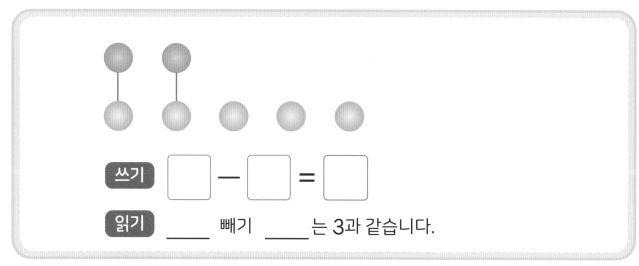

쓰기 ☐ − ☐ = ☐

읽기 ____ 빼기 ____ 는 3과 같습니다.

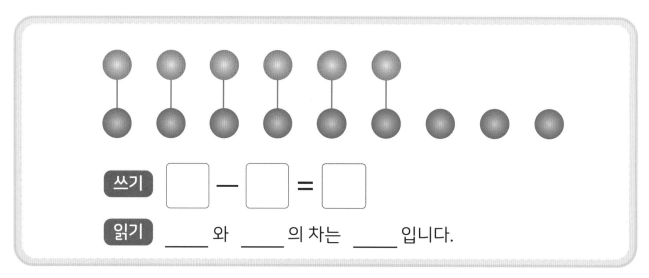

쓰기 ☐ − ☐ = ☐

읽기 ____ 와 ____ 의 차는 ____ 입니다.

빈칸을 알맞게 채우고 바르게 읽은 것과 선으로 이으세요.

$4 - 1 = 3$

• 3과 2의 차는 1입니다.

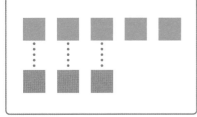

$\square - \square = \square$

• 4와 2의 차는 2입니다.

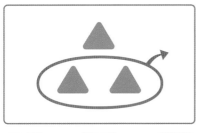

$\square - \square = \square$

• 4 빼기 1은 3과 같습니다.

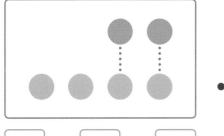

$\square - \square = \square$

• 5 빼기 3은 2와 같습니다.

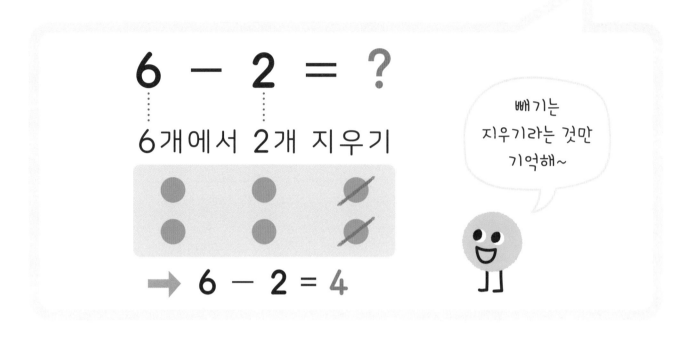

$$6 - 2 = \text{?}$$

6개에서 2개 지우기

$$\rightarrow 6 - 2 = 4$$

빼기는 지우기라는 것만 기억해~

개념 익히기

정답 23쪽

그림을 알맞게 지우며 뺄셈을 하세요.

$$5 - 3 = \boxed{2}$$

5개에서 3개 지우기

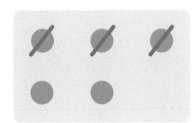

$$6 - 3 = \boxed{}$$

6개에서 3개 지우기

$$7 - 4 = \boxed{}$$

7개에서 4개 지우기

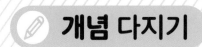
손가락을 접으면서 뺄셈을 하세요.

6 − 4 = 2

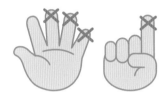

5 − 2 = ☐

4 − 1 = ☐

5 − 4 = ☐

7 − 5 = ☐

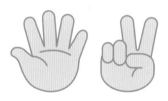

8 − 3 = ☐

8 − 2 = ☐

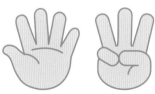

9 − 6 = ☐

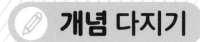

그림을 보고 뺄셈식을 쓰세요.

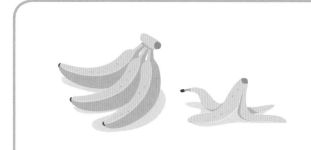

$$4 - 1 = \boxed{}$$

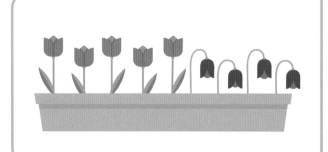

$$\boxed{} - \boxed{} = \boxed{}$$

$$\boxed{} - \boxed{} = \boxed{}$$

$$\boxed{} - \boxed{} = \boxed{}$$

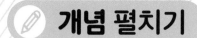
개념 펼치기

계단 그림을 보면서 뺄셈을 하세요.

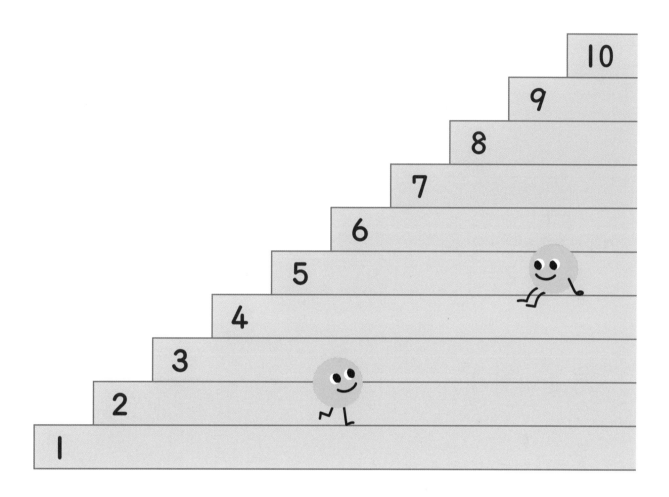

7 − 5 = 2   5 − 4 = ☐

8 − 4 = ☐   6 − 3 = ☐

9 − 6 = ☐   7 − 1 = ☐

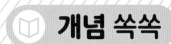
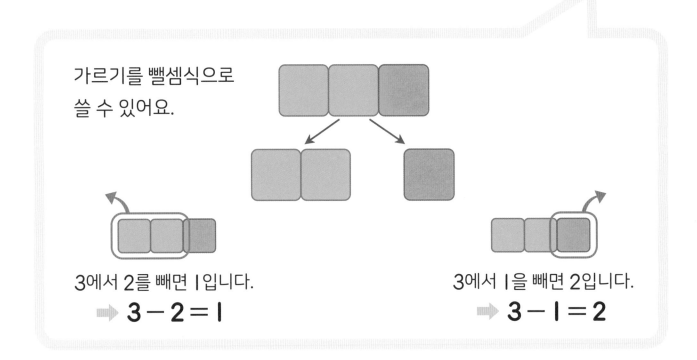

가르기를 뺄셈식으로
쓸 수 있어요.

3에서 2를 빼면 1입니다.
➡ $3 - 2 = 1$

3에서 1을 빼면 2입니다.
➡ $3 - 1 = 2$

✎ **개념 익히기**

정답 24쪽

가르기를 보고 뺄셈식으로 쓰세요.

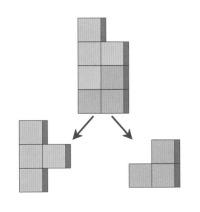

$7 - \boxed{4} = \boxed{3}$

$7 - \boxed{3} = \boxed{4}$

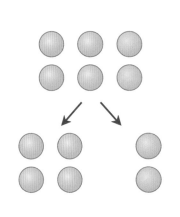

$6 - \boxed{} = \boxed{}$

$6 - \boxed{} = \boxed{}$

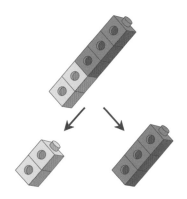

$5 - \boxed{} = \boxed{}$

$5 - \boxed{} = \boxed{}$

뺄셈식에 맞게 연결 모형을 빼서 뺄셈을 해 보세요.

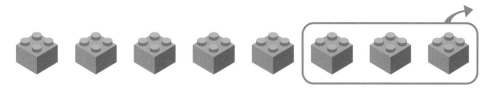

8 − 3 = 5

7 − 5 =

9 − 2 =

6 − 4 =

8 − 7 =

가르기를 완성하고 뺄셈식으로 쓰세요.

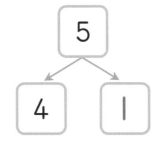

$$5 - 4 = \boxed{1}$$
$$5 - \boxed{1} = 4$$

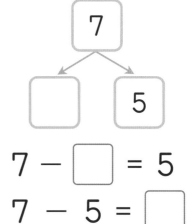

$$7 - \boxed{} = 5$$
$$7 - 5 = \boxed{}$$

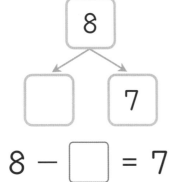

$$8 - \boxed{} = 7$$
$$8 - 7 = \boxed{}$$

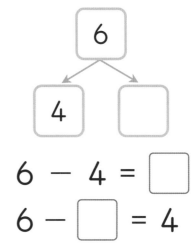

$$6 - 4 = \boxed{}$$
$$6 - \boxed{} = 4$$

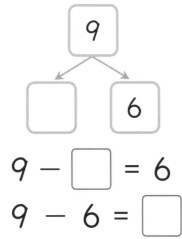

$$9 - \boxed{} = 6$$
$$9 - 6 = \boxed{}$$

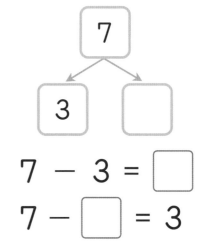

$$7 - 3 = \boxed{}$$
$$7 - \boxed{} = 3$$

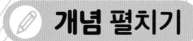
빼셈을 하세요.

$8 - 1 = \boxed{7}$

$8 - 2 = \boxed{}$

$8 - 3 = \boxed{}$

$8 - 4 = \boxed{}$

$8 - 5 = \boxed{}$

$5 - 3 = \boxed{}$

$6 - 3 = \boxed{}$

$7 - 3 = \boxed{}$

$8 - 3 = \boxed{}$

$9 - 3 = \boxed{}$

$7 - 6 = \boxed{}$

$7 - 5 = \boxed{}$

$7 - 4 = \boxed{}$

$7 - 3 = \boxed{}$

$7 - 2 = \boxed{}$

$9 - 4 = \boxed{}$

$8 - 4 = \boxed{}$

$7 - 4 = \boxed{}$

$6 - 4 = \boxed{}$

$5 - 4 = \boxed{}$

만두 5개 중에 5개를 먹으면 몇 개가 남을까요?

만두 **5개** 중에 **5개**를 먹어요.

5 − 5

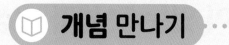

아무것도 없는 것은 0이에요.

접시에는 아무것도 없어요.

= 0

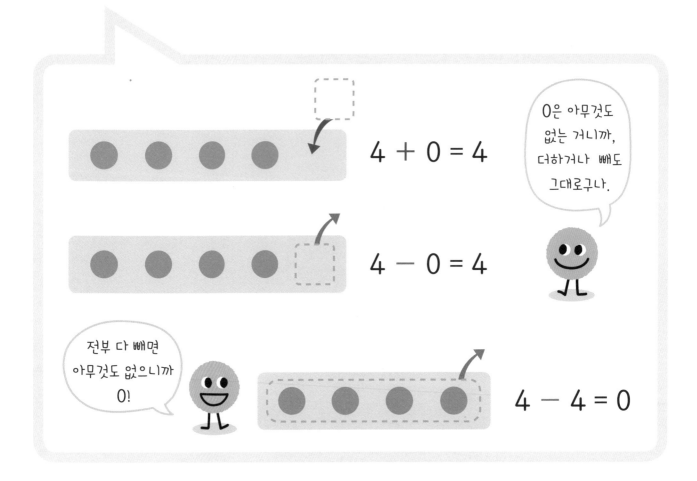

✏️ 개념 익히기

정답 25쪽

덧셈과 뺄셈을 하세요.

$$5 + 0 = \boxed{5}$$

$$0 + 3 = \boxed{}$$

$$7 - 0 = \boxed{}$$

$$6 - 6 = \boxed{}$$

✏️ 개념 다지기

정답 25쪽

□에는 수를, ◯에는 +, −를 알맞게 쓰세요.

$$7 - \boxed{7} = 0 \qquad \boxed{} + 0 = 4$$

$$\boxed{} - 5 = 0 \qquad 6 \bigcirc 6 = 0$$

$$8 - 0 = \boxed{} \qquad 4 + \boxed{} = 4$$

$$2 \bigcirc 2 = 4 \qquad 0 \bigcirc 9 = 9$$

$$5 - 5 = \boxed{} \qquad 1 - 1 = \boxed{}$$

$$\boxed{} - 0 = 3 \qquad 6 \bigcirc 1 = 7$$

⭐ 좋아하는 수를 소개할게~

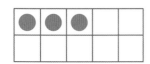

덧셈으로 3 만들기	뺄셈으로 3 만들기
3 + 0 = 3	3 − 0 = 3
2 + 1 = 3	4 − 1 = 3
1 + 2 = 3	5 − 2 = 3
0 + 3 = 3	6 − 3 = 3

덧셈식과 뺄셈식을 다양하게 만들 수 있어요.

✏️ 개념 익히기

정답 25쪽

덧셈과 뺄셈을 하세요.

$$6 + 0 = \boxed{6} \qquad 4 - 0 = \boxed{4}$$

$$5 + 1 = \boxed{} \qquad 5 - 1 = \boxed{}$$

$$4 + 2 = \boxed{} \qquad 6 - 2 = \boxed{}$$

$$3 + 3 = \boxed{} \qquad 7 - 3 = \boxed{}$$

합이 8이 되는 식을 찾아 ○표 하세요.

8

3 + 3

①1 + 7

8 + 0

4 + 4

2 + 6

3 + 5

1 + 6

8 + 1

5 + 3

차가 4인 식을 찾아 모두 색칠해 보세요.

7 − 3

8 − 2

5 − 1

4 − 1

4 − 0

4 − 4

6 − 5

4

9 − 5

3 − 0

5 − 4

2 − 1

8 − 4

5 − 3

6 − 2

세 수를 모두 이용하여 덧셈식 또는 뺄셈식을 쓰세요.

| 덧셈 | 6 , 7 , 1 |

$1 + 6 = 7$

$6 + 1 = 7$

| 덧셈 | 9 , 4 , 5 |

$\square + \square = \square$

$\square + \square = \square$

| 덧셈 | 2 , 8 , 6 |

$\square + \square = \square$

$\square + \square = \square$

| 뺄셈 | 4 , 2 , 6 |

$6 - 4 = 2$

$6 - 2 = 4$

| 뺄셈 | 7 , 9 , 2 |

$\square - \square = \square$

$\square - \square = \square$

| 뺄셈 | 5 , 3 , 8 |

$\square - \square = \square$

$\square - \square = \square$

1 그림을 보고 모으기를 하세요.

8

2 빈 ○를 색칠하고 4를 가르기 하
세요.

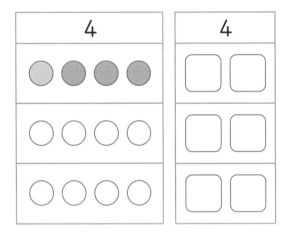

3 그림을 보고 두 가지 방법으로 가
르기를 하세요.

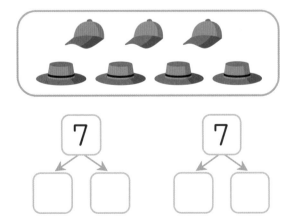

4 그림을 보고, 주어진 낱말을 이용하여
이야기를 만들어 보세요.

남습니다.

_____

_____

_____

_____

5 그림에 알맞은 덧셈식을 쓰고 읽
어 보세요.

쓰기
_____

읽기
_____

_____

6 주어진 뺄셈식을 잘못 읽은 사람을 골라 이름에 △표 하세요.

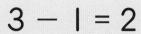

$$3 - 1 = 2$$

윤미

3 빼기 1은 2와 같습니다.

인호

3과 1의 차는 2입니다.

서현

3 빼기 2는 1과 같습니다.

7 그림을 보고 뺄셈식을 쓰세요.

○ ○ ○ ⊘ ⊘ ⊘ ⊘ ⊘

$$\boxed{} - \boxed{} = \boxed{}$$

8 모으기를 하고 덧셈식으로 쓰세요.

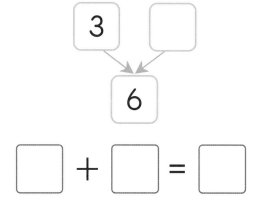

$$\boxed{} + \boxed{} = \boxed{}$$

9 합과 차가 같은 것끼리 선으로 이으세요.

$1 + 5$ ·   · $7 - 4$

$5 + 2$ ·   · $9 - 3$

$2 + 1$ ·   · $8 - 1$

10 덧셈과 뺄셈을 하세요.

$6 + 0 = \boxed{}$ $0 + 1 = \boxed{}$

$8 - 8 = \boxed{}$ $2 - 0 = \boxed{}$

11 계산 결과가 더 큰 것에 ○표 하세요.

$9 - 5$ $3 + 2$

12 ◯에 ＋, ー를 알맞게 쓰세요.

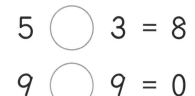

$$5 \bigcirc 3 = 8$$
$$9 \bigcirc 9 = 0$$

13 주어진 덧셈식과 합이 같은 덧셈식을 2개 쓰세요.

$$1 + 6 = ?$$

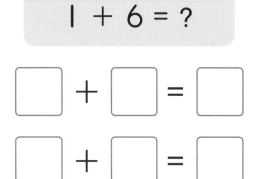

$$\boxed{} + \boxed{} = \boxed{}$$

$$\boxed{} + \boxed{} = \boxed{}$$

14 수 카드 중에서 가장 큰 수와 가장 작은 수의 차를 구하세요.

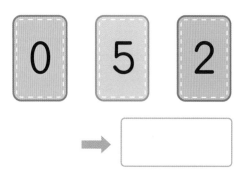

0 5 2

➡ ☐

15 빈칸에 알맞은 수를 쓰세요.

$$8 - 6 = \boxed{}$$
$$7 - 5 = \boxed{}$$
$$6 - 4 = \boxed{}$$

16 세 수를 모두 이용해 덧셈식을 완성하세요.

$$2 , 9 , 7$$

$$\boxed{} + \boxed{} = \boxed{}$$

$$\boxed{} + \boxed{} = \boxed{}$$

17 알맞은 덧셈식을 쓰세요.

연필이 필통 안에 4자루, 필통 밖에 2자루가 있어서 모두 6자루 있습니다.

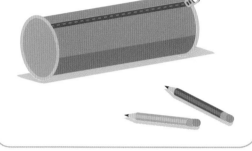

18 알맞은 뺄셈식을 쓰세요.

바닥에서 자는 강아지 4마리는 돗자리에서 자는 강아지 3마리보다 1마리 더 많습니다.

서술형

19 민아가 기르는 화분에 꽃이 한 송이도 없다가 오늘 4송이가 피었습니다. 꽃은 모두 몇 송이가 피었는지 풀이 과정을 쓰고, 답을 구하세요.

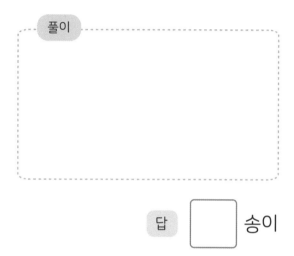

답 ☐ 송이

서술형

20 현수가 한 달 동안 읽은 책은 4권, 은지가 한 달 동안 읽은 책은 5권입니다. 누가 몇 권 더 많이 읽었는지 풀이 과정을 쓰고, 답을 구하세요.

답 ☐ 가 ☐ 권 더 많이 읽었습니다.

상상력 키우기

1 우리 집에서 ＋나 ㅡ 기호가 적힌 물건을 찾아 보세요.
어떤 것이 있나요?

2 ＋ 모양으로 자유롭게 그림을 그리고 멋진 제목을 붙여 보세요.

제목:

4 비교하기

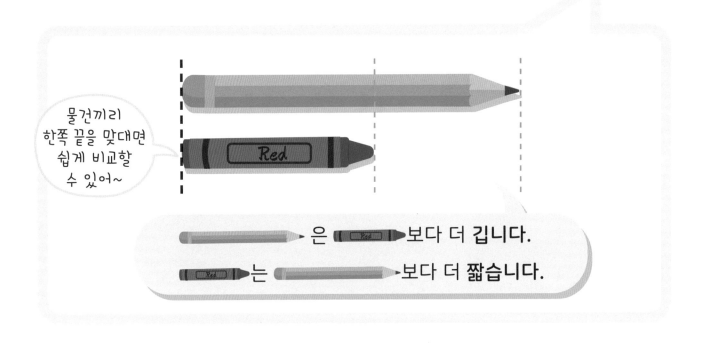

✏️ 개념 익히기

정답 28쪽

그림과 ⬚를 알맞게 연결하세요.

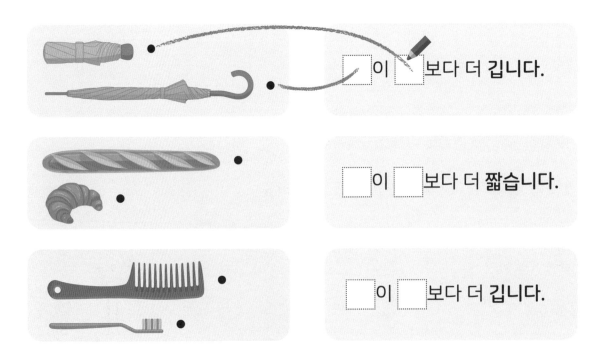

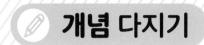

정답 28쪽

더 긴 것에 ◯표 하세요.

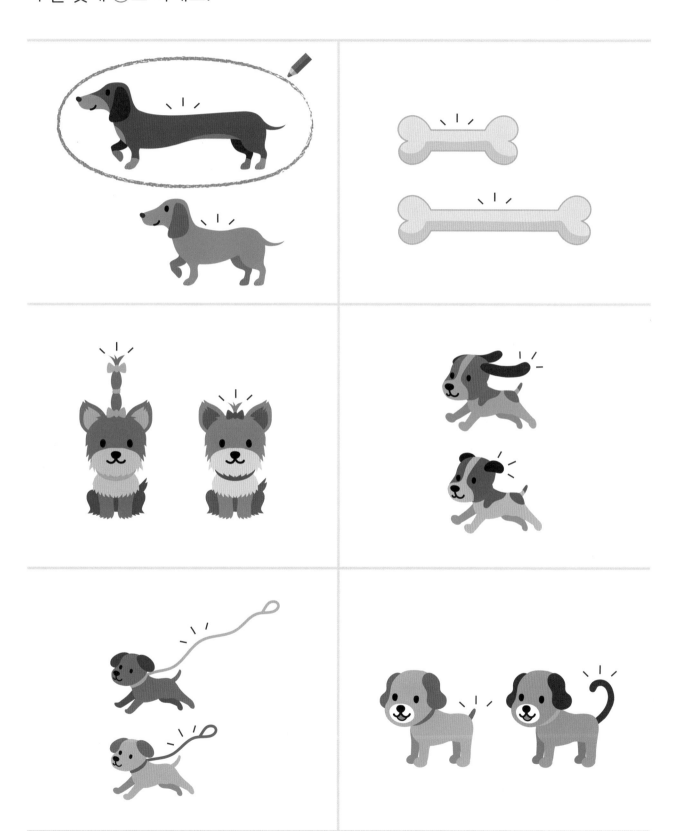

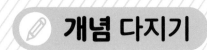
알맞은 그림에 ◯표 하세요.

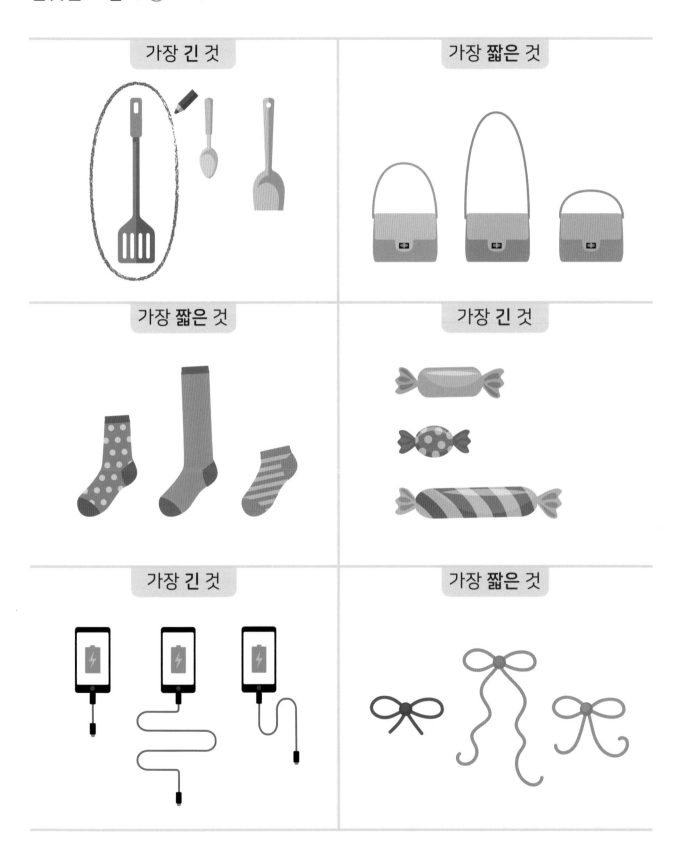

정답 28쪽

그림에 대해 올바른 문장에는 ○표, 틀린 문장에는 ✕표 하세요.

민준   태린   은채

- 은채의 머리카락은 민준이의 머리카락보다 더 깁니다. (○)
- 태린이의 머리카락은 은채의 머리카락보다 더 짧습니다. (✕)
- 민준이의 머리카락이 가장 짧습니다. (○)

- 빨간색 넥타이는 초록색 넥타이보다 더 짧습니다. (　　)
- 초록색 넥타이는 파란색 넥타이보다 더 깁니다. (　　)
- 파란색 넥타이가 가장 깁니다. (　　)

- 해바라기는 튤립보다 더 깁니다. (　　)
- 민들레는 튤립보다 더 짧습니다. (　　)
- 튤립이 가장 짧습니다. (　　)

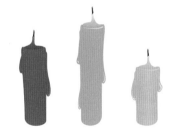

- 보라색 양초는 노란색 양초보다 더 깁니다. (　　)
- 파란색 양초는 보라색 양초보다 더 짧습니다. (　　)
- 노란색 양초가 가장 짧습니다. (　　)

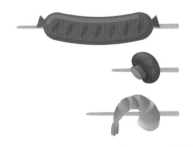

- 소시지 꼬치는 새우 꼬치보다 더 깁니다. (　　)
- 새우 꼬치는 버섯 꼬치보다 더 짧습니다. (　　)
- 소시지 꼬치가 가장 깁니다. (　　)

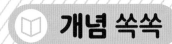

개념 익히기

정답 29쪽

그림과 ⬚를 알맞게 연결하세요.

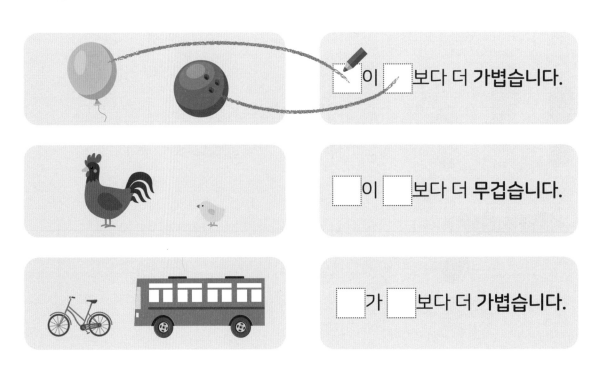

정답 29쪽

더 무거운 것에 ◯표 하세요.

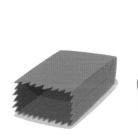

✏️ 개념 다지기

더 가벼운 것에 △표 하세요.

개념 다지기

? 에 들어갈 수 있는 쌓기나무를 찾아 모두 ◯표 하세요.

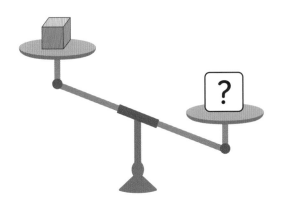

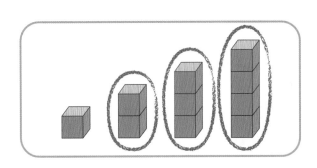

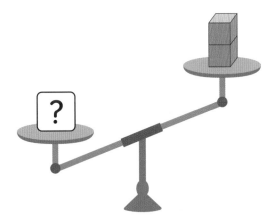

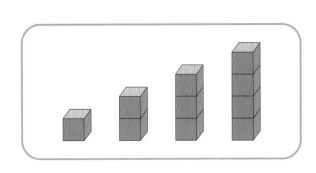

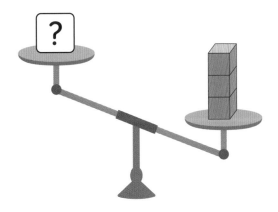

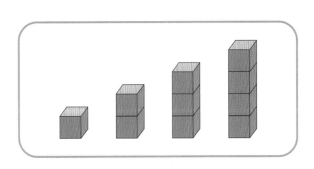

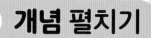

가장 무거운 자루를 찾아 ◯표 하세요.

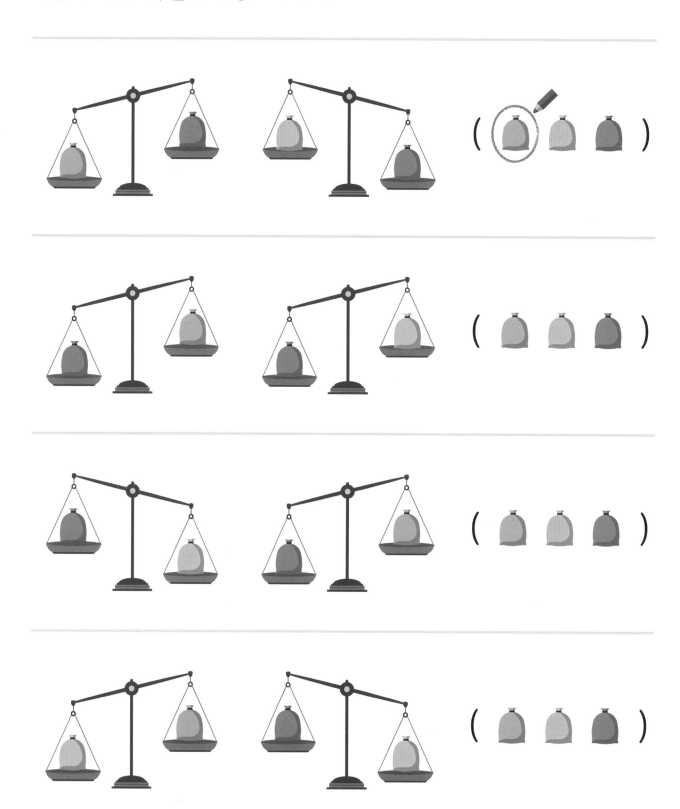

개념 펼치기

그림에 대해 올바른 문장에는 ○표, 틀린 문장에는 ╳표 하세요.

- 말은 고슴도치보다 더 가볍습니다. (╳)
- 개는 고슴도치보다 더 무겁습니다. (○)
- 고슴도치가 가장 가볍습니다. (○)

- 옥수수는 버섯보다 더 무겁습니다. (   )
- 호박이 가장 가볍습니다. (   )
- 버섯은 호박보다 더 가볍습니다. (   )

- 믹서기는 냉장고보다 더 가볍습니다. (   )
- 전자레인지는 믹서기보다 더 무겁습니다. (   )
- 냉장고가 가장 가볍습니다. (   )

- 지푸라기 집은 나무 집보다 더 가볍습니다. (   )
- 나무 집은 벽돌 집보다 더 무겁습니다. (   )
- 벽돌 집이 가장 무겁습니다. (   )

- 딸기가 가장 가볍습니다. (   )
- 파인애플은 딸기보다 더 무겁습니다. (   )
- 사과는 파인애플보다 더 무겁습니다. (   )

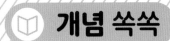
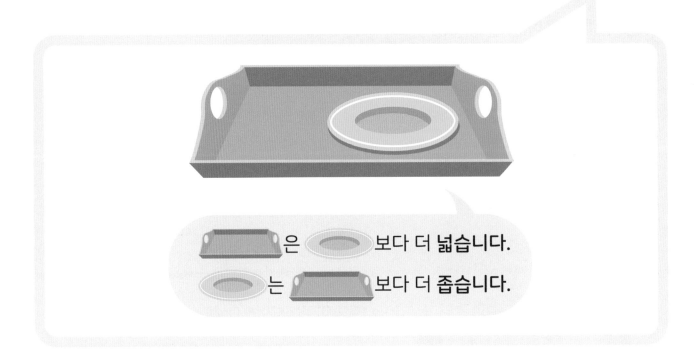

은 ⬭ 보다 더 **넓습니다**.

⬭ 는 ▭ 보다 더 **좁습니다**.

✏️ 개념 익히기

정답 30쪽

그림과 □를 알맞게 연결하세요.

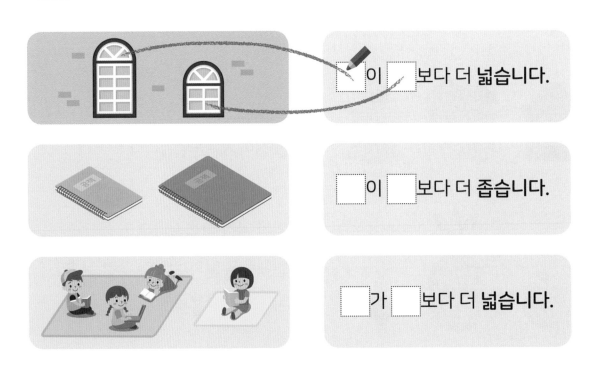

□ 이 □ 보다 더 **넓습니다**.

□ 이 □ 보다 더 **좁습니다**.

□ 가 □ 보다 더 **넓습니다**.

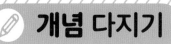
알맞은 그림에 ○표 하세요.

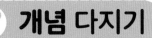
조건 에 맞는 그림에 모두 ○표 하세요.

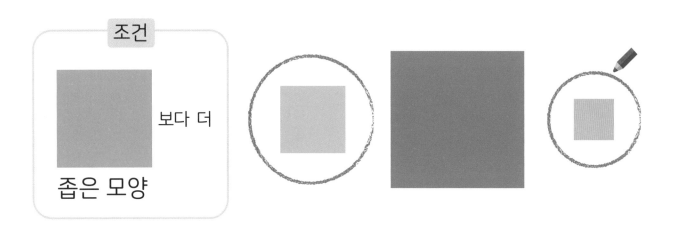

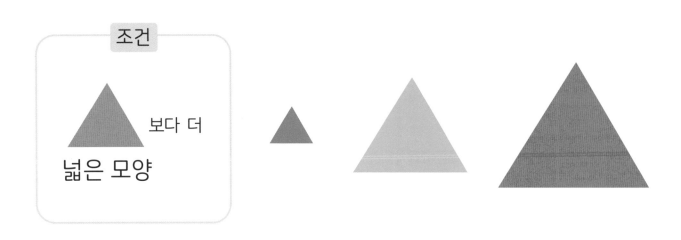

조건 에 맞는 그림을 그리세요.

조건

보다 더 **좁은** 모양

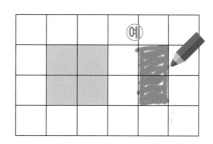

조건

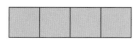

보다 더 **넓은** 모양

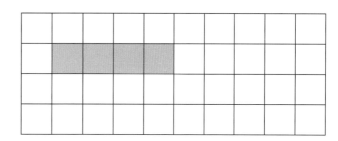

조건

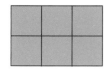

보다 더 **좁은** 모양

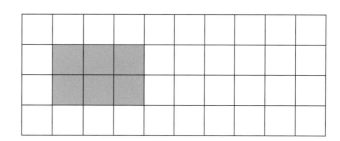

조건

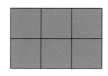

보다 더 **넓은** 모양

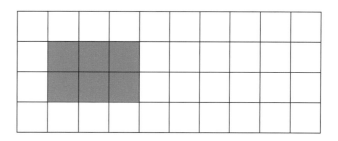

조건

보다 더 **넓은** 모양

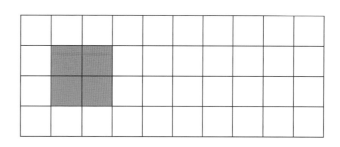

는 보다 담을 수 있는 양이 더 **많습니다**.

은 보다 담을 수 있는 양이 더 **적습니다**.

✏️ 개념 익히기

정답 31쪽

알맞은 말에 ○표 하세요.

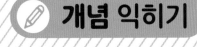이 보다 담을 수 있는 양이 더 (많습니다 , (적습니다)).

이 보다 담을 수 있는 양이 더 (많습니다 , 적습니다).

이 보다 담을 수 있는 양이 더 (많습니다 , 적습니다).

개념 다지기

빈칸에 알맞은 번호를 쓰세요.

- │①│번 병에 담긴 물의 양이 가장 적습니다.

- │ │번 컵에 담긴 물의 양이 가장 많습니다.

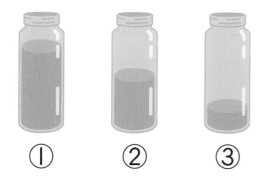

- │ │번 통에 담긴 물의 양이 가장 적습니다.

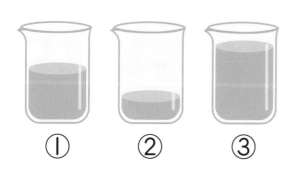

- │ │번 비커에 담긴 물의 양이 가장 많습니다.

✏️ 개념 다지기

정답 32쪽

담을 수 있는 양을 비교하여 알맞은 그림에 ◯표 하세요.

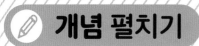

그림에 대해 올바른 문장에는 ○표, 틀린 문장에는 ✕표 하세요.

- 까는 ㉯보다 담을 수 있는 양이 더 적습니다. (○)
- ㉰는 까보다 담을 수 있는 양이 더 많습니다. (○)
- ㉯는 담을 수 있는 양이 가장 적습니다. (✕)

- ㉰는 까보다 담을 수 있는 양이 더 많습니다. ( )
- 까는 ㉯보다 담을 수 있는 양이 더 적습니다. ( )
- ㉯는 담을 수 있는 양이 가장 적습니다. ( )

- 까는 담을 수 있는 양이 가장 많습니다. ( )
- ㉯는 ㉰보다 담을 수 있는 양이 더 적습니다. ( )
- ㉰는 까보다 담을 수 있는 양이 더 많습니다. ( )

- ㉰는 까보다 담을 수 있는 양이 더 적습니다. ( )
- ㉯는 담을 수 있는 양이 가장 적습니다. ( )
- 까는 ㉯보다 담을 수 있는 양이 더 많습니다. ( )

✓ 개념 마무리

1 더 짧은 것에 △표 하세요.

 (   )

(   )

2 필통과 길이를 비교하여, 필통 안에 넣을 수 있는 물건에 모두 ○표 하세요.

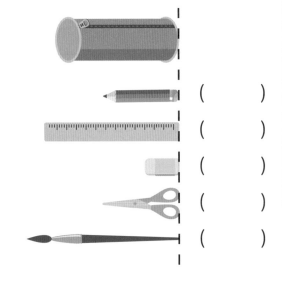

(   )

(   )

(   )

(   )

(   )

3 긴 고드름부터 차례로 1, 2, 3을 쓰세요.

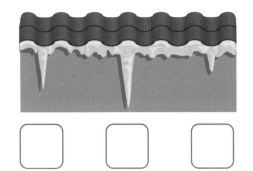

4 친구들의 설명을 보고, 리본을 알맞은 색으로 색칠하세요.

서희 리본은 빨간색, 파란색, 노란색 세 종류야.

지민 파란색 리본이 가장 짧아.

연수 빨간색 리본은 노란색 리본보다 길어.

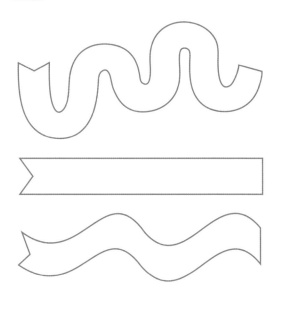

5 지아보다 키가 작은 사람의 이름을 모두 쓰세요.

현우   하은   지아   유준

답

6 그림과 ⬚를 선으로 알맞게 연결
하세요.

⬚는 ⬚보다 더 가볍습니다.

7 빈칸에 알맞은 말을 쓰세요.

⬚는 ⬚보다 더
무겁습니다.

8 무거운 동물이 탄 배는 물에 더 잠
겨요. 각각의 배에 어떤 동물이 탔
는지 알맞게 연결하세요.

9 바르게 말한 사람을 모두 고르세요.

서연 10원 동전이 가장 무거워.

건우 100원 동전은 10원 동전보다 더 가벼워.

도현 500원 동전은 100원 동전보다 더 무거워.

지우 10원 동전은 500원 동전보다 더 가벼워.

답
_____

10 그림을 보고 무거운 사람부터 차례로
이름을 쓰세요.

⬚ — ⬚ — ⬚

11 더 넓은 것에 ◯표 하세요.

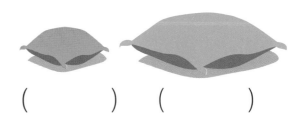

(　　　)　(　　　)

12 넓은 것부터 차례로 1, 2, 3을 쓰세요.

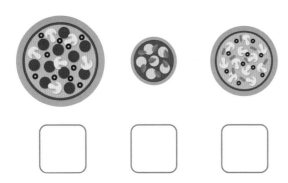

13 다음은 예원이네 집입니다. 가장 좁은 방이 동생의 방이고, 가장 넓은 방이 부모님의 방이라면 예원이의 방은 몇 번인지 쓰세요.

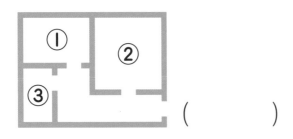

(   )

14 아래 그림을 보고, 가장 넓게 색칠된 색깔과 가장 좁게 색칠된 색깔을 각각 쓰세요.

가장 넓게 색칠된 색깔: (   )

가장 좁게 색칠된 색깔: (   )

15 가장 큰 개구리가 가장 넓은 연못에, 가장 작은 개구리가 가장 좁은 연못에 살도록 알맞게 연결하세요.

16 담을 수 있는 양이 더 적은 것에 △표 하세요.

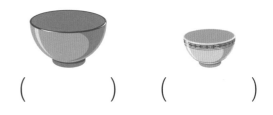

(   )　　(   )

17 수빈, 동훈, 희나는 마트에서 각자 장바구니를 하나씩 골랐습니다. 물건을 가장 많이 담을 수 있는 장바구니를 고른 사람은 누구인지 쓰세요.

수빈　　　동훈　　　희나

(   )

18 크기와 모양이 같은 컵 3개에 딸기 주스를 같은 양만큼 담아서 나누어 주었습니다. 그림은 세 사람이 마시고 남은 것입니다. 딸기 주스를 가장 많이 마신 사람이 누구인지 이름을 쓰세요.

하율   재훈   다은

(   )

✏️ 서술형

19 모양과 크기가 같은 스티로폼 공과 쇠공이 있습니다. 둘 중 어떤 그림이 스티로폼 공을 든 모습인지 찾고, 이유를 설명하세요.

(가)   (나)

답 (   )

이유

✏️ 서술형

20 우진이는 (가), (나) 중 어느 컵에 물이 더 많이 담겨있는지 비교하려고 합니다. 우진이의 말이 틀린 이유를 설명하세요.

두 컵에 담긴 물의 높이가 같으니까 물의 양도 똑같아!

(가)   (나)

이유

4단원: 비교하기

1

우리 반에서 가장 키가 큰 사람은 누구인가요?

2

여러분이 여행가고 싶은 나라 두 곳을 자유롭게 쓰고,
둘 중에 어떤 나라가 더 넓은지 조사해 보세요.

5 50까지의 수

1 만큼 더

5

6

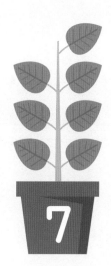

7

8

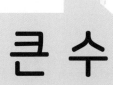

큰 수

10

십

열

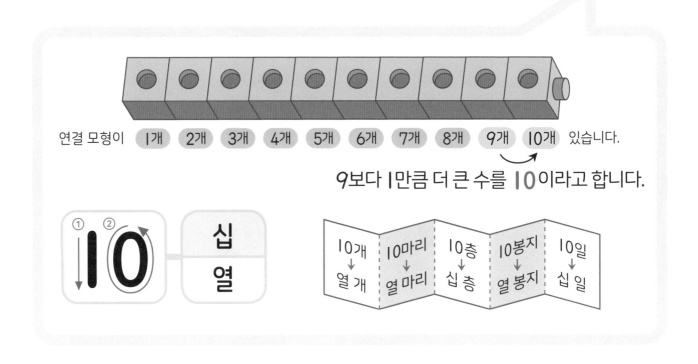

연결 모형이 1개 2개 3개 4개 5개 6개 7개 8개 9개 10개 있습니다.

9보다 1만큼 더 큰 수를 10이라고 합니다.

십
열

| 10개 → 열 개 | 10마리 → 열 마리 | 10층 → 십 층 | 10봉지 → 열 봉지 | 10일 → 십 일 |

✏️ **개념 익히기**

정답 34쪽

수의 순서에 맞게 빈칸에 알맞은 수를 쓰세요.

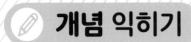

0 1 2 3 4 5 6 7 8 9 10

| | 1 | 2 | 3 | | 5 | 6 | 7 | | 9 | |

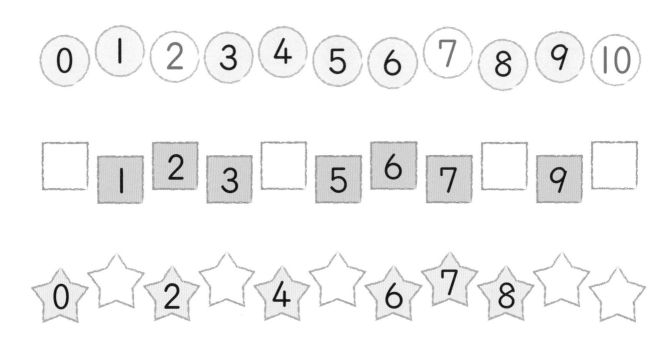

0 ☆ 2 ☆ 4 ☆ 6 7 8 ☆ ☆

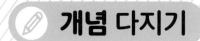

10인 것을 모두 찾아 ◯표 하세요.

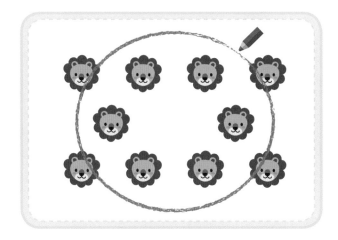

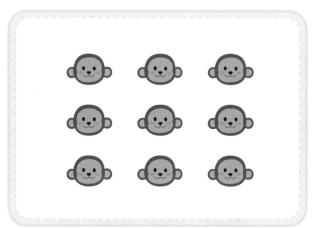

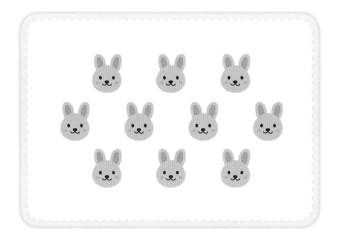

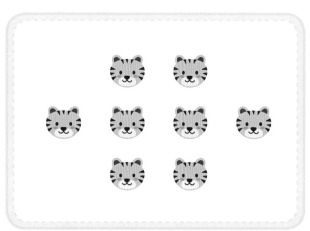

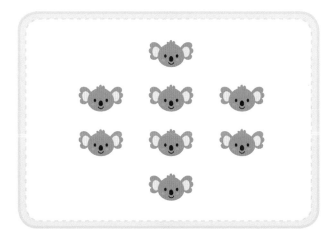

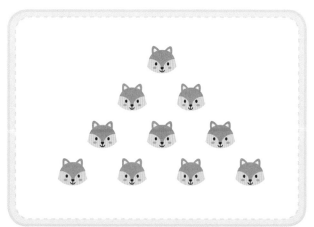

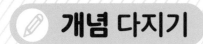

그림을 보고 모으기와 가르기를 해 보세요.

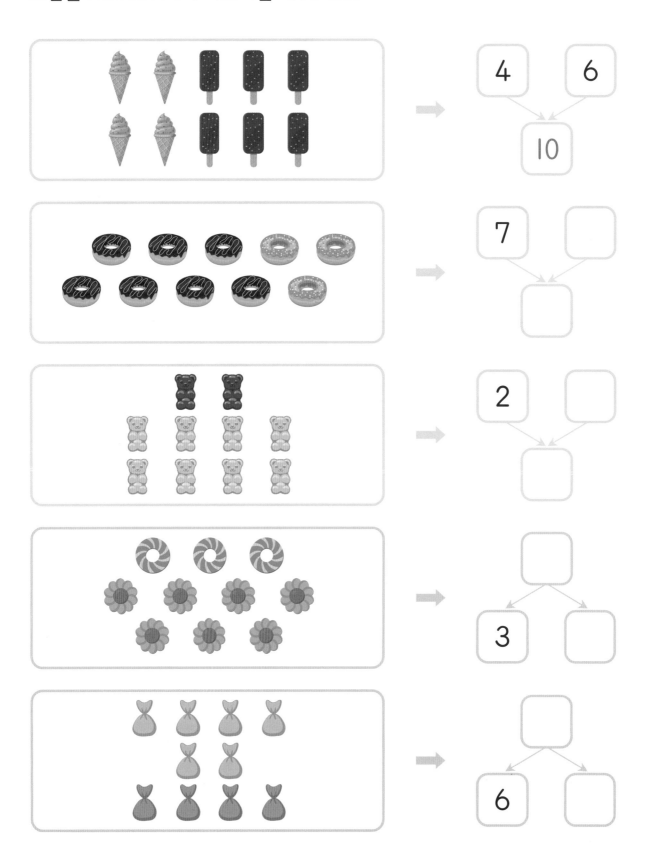

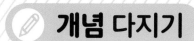
10을 바르게 읽은 것에 ◯표 하세요.

  우리 집은 10층이야!

십 층

열 층

 한 봉지에 사탕이 10개 들어있어.

십 개

열 개

 <요정 꾸미의 대모험> 10권이 나왔어.

십 권

열 권

 책을 10권이나 샀어.

십 권

열 권

 내 생일은 5월 10일이야.

십 일

열 일

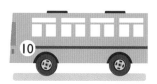 10번 마을버스를 타야 해.

십 번

열 번

✏️ **개념 펼치기**

정답 35쪽

10이 되도록 △를 그리고, ▢ 안을 알맞게 채우세요.

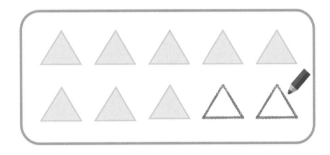

8과 ▢2▢ 를 모으기 하면 10이 됩니다.

4와 ▢ 을 모으기 하면 10이 됩니다.

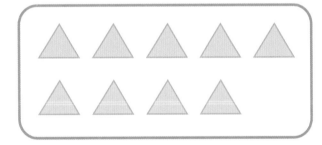

9와 ▢ 을 모으기 하면 10이 됩니다.

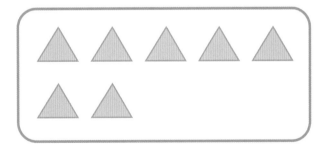

7과 ▢ 을 모으기 하면 10이 됩니다.

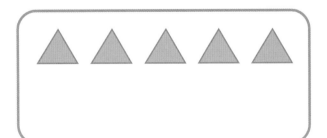

5와 ▢ 를 모으기 하면 10이 됩니다.

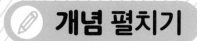
모으기와 가르기를 해 보세요.

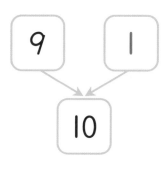

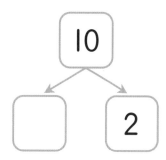

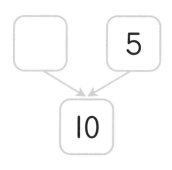

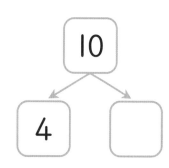

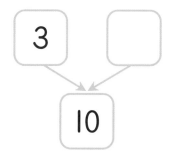

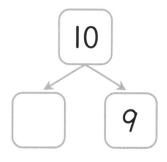

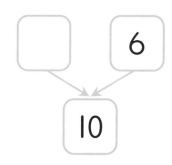

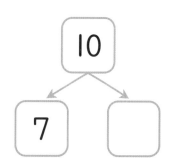

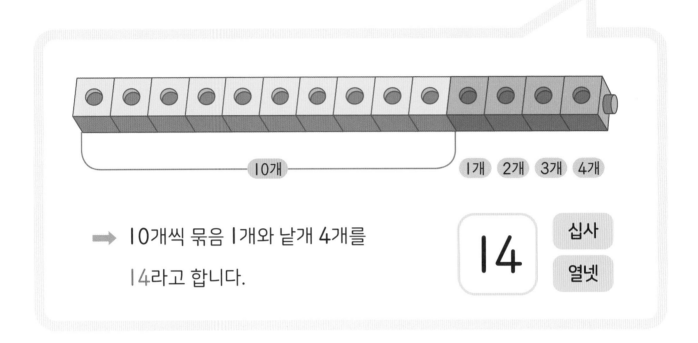

➡️ 10개씩 묶음 1개와 낱개 4개를
   14라고 합니다.

14	십사
	열넷

✏️ **개념 익히기**

정답 35쪽

꽃의 수를 세어 쓰세요.

➡️ | | 송이

➡️ 송이

➡️ 송이

✏️ 개념 다지기

정답 35쪽

그림을 보고 빈칸을 알맞게 채우세요.

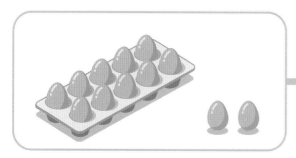

10개씩 묶음이 | 1 | 개, 낱개가 | 2 | 개

→ 달걀은 모두 | 12 | 개입니다.

10개씩 묶음이 [ ] 개, 낱개가 [ ] 개

→ 달걀은 모두 [ ] 개입니다.

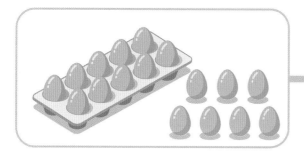

10개씩 묶음이 [ ] 개, 낱개가 [ ] 개

→ 달걀은 모두 [ ] 개입니다.

10개씩 묶음이 [ ] 개, 낱개가 [ ] 개

→ 달걀은 모두 [ ] 개입니다.

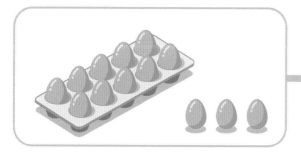

10개씩 묶음이 [ ] 개, 낱개가 [ ] 개

→ 달걀은 모두 [ ] 개입니다.

10개씩 묶어 수를 세어 보세요.

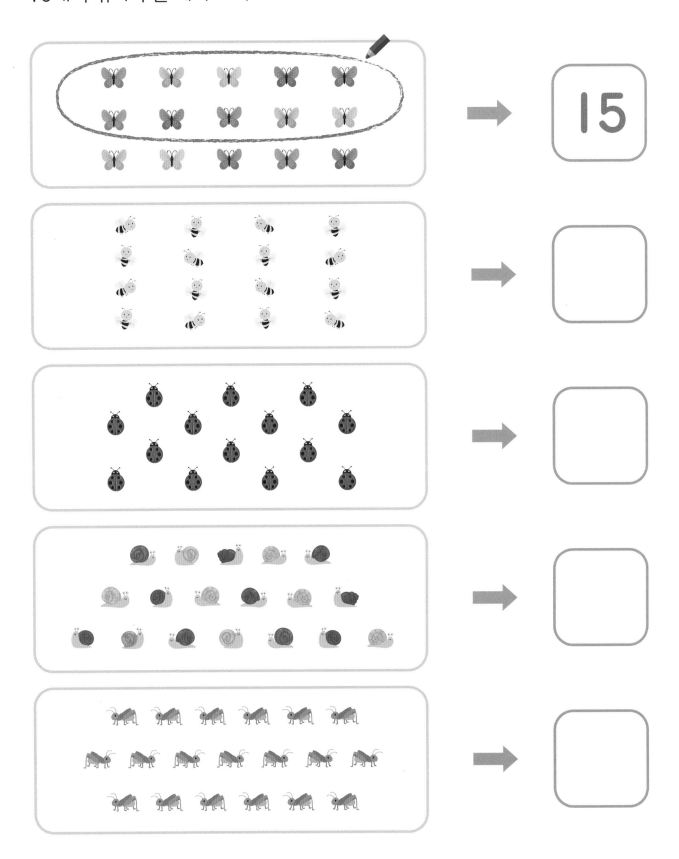

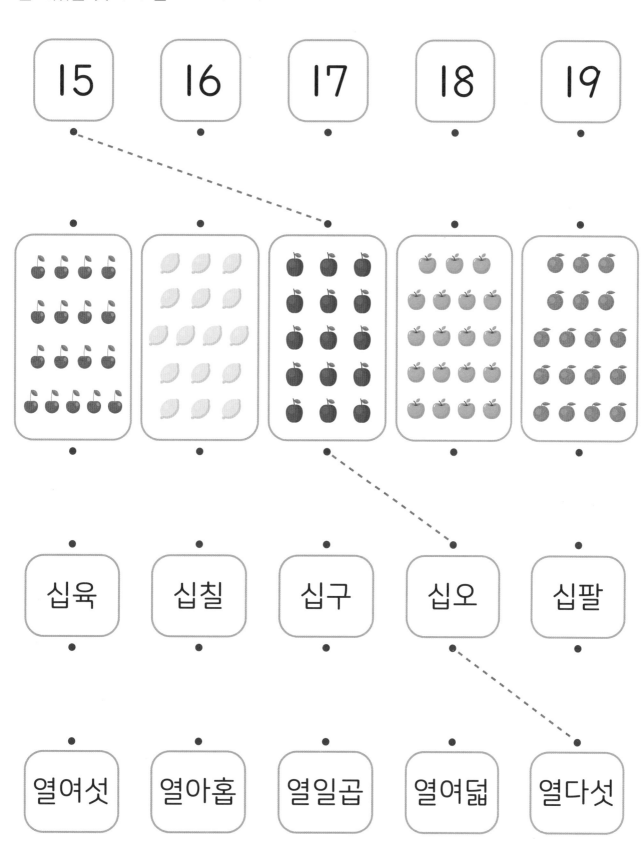

관계있는 것끼리 선으로 이으세요.

15　16　17　18　19

십육　십칠　십구　십오　십팔

열여섯　열아홉　열일곱　열여덟　열다섯

개념 펼치기

빈칸에 알맞은 수를 쓰고, 수의 크기를 비교해 보세요.

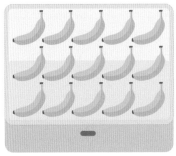

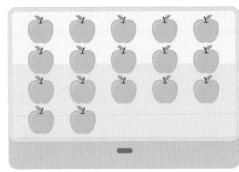

 12개　 17 개

12는 17 보다

(큽니다 , 작습니다).

 15개　 [ ] 개

15는 [ ] 보다

(큽니다 , 작습니다).

 17개　 [ ] 개

17은 [ ] 보다

(큽니다 , 작습니다).

 [ ] 개　 12개

[ ] 는 12보다

(큽니다 , 작습니다).

더 큰 수에 ◯표 하세요.

13 ⟨19⟩	17 11
15 18	12 16
17 14	19 18
12 15	14 16

3 모으기

모으기를 할 때에는 이어서 셉니다.

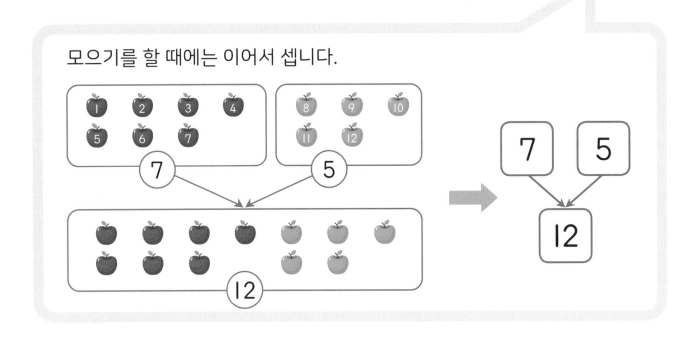

✏️ 개념 익히기

정답 37쪽

체리와 블루베리를 합한 수만큼 ◯를 그리고, 모으기를 해 보세요.

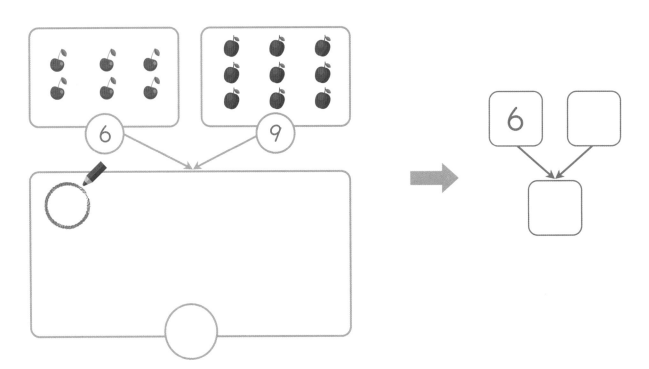

개념 다지기

이어 세기로 모으기를 해 보세요.

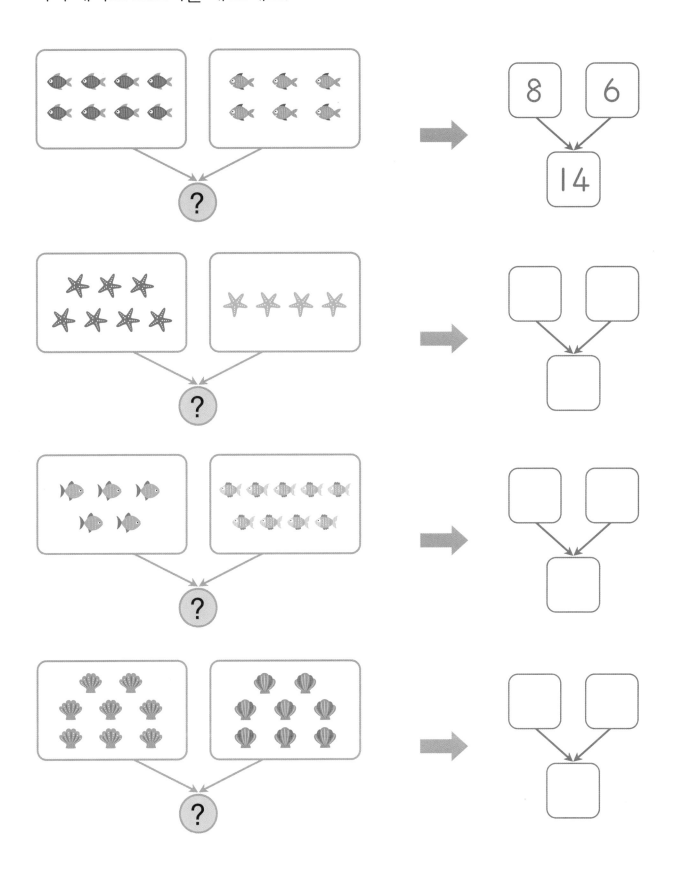

가르기를 할 때에는 나누어서 셉니다.

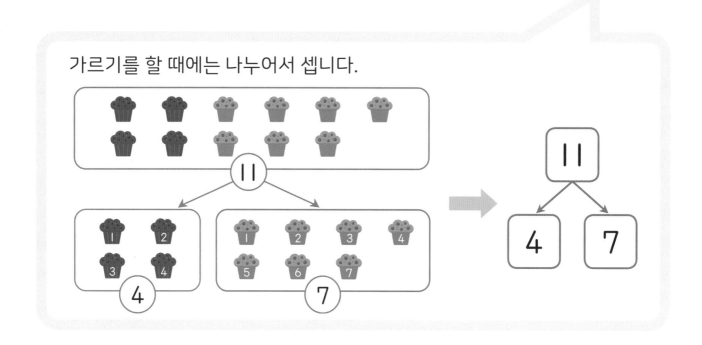

개념 익히기

정답 37쪽

빈 곳에 알맞은 수만큼 ◯를 그리고, 가르기를 해 보세요.

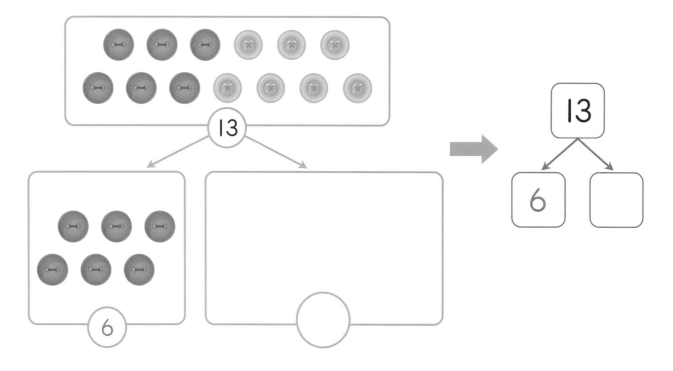

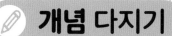

아래 그림을 두 가지 색으로 색칠하고 가르기를 해 보세요.

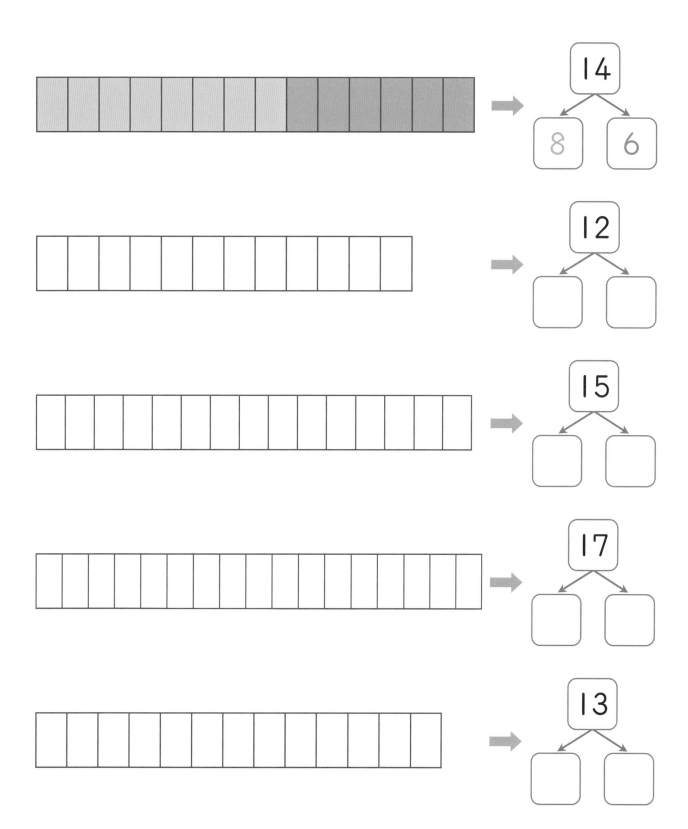

모으기를 해 보세요.

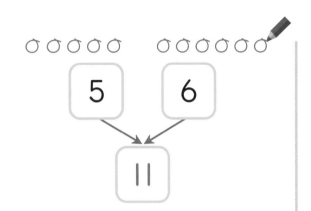

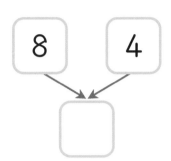

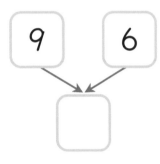

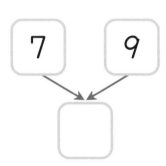

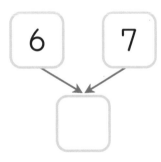

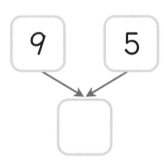

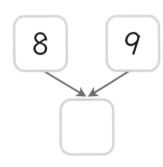

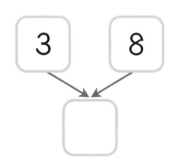

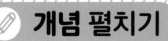
가르기를 해 보세요.

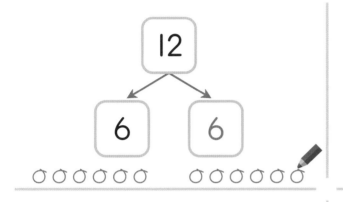

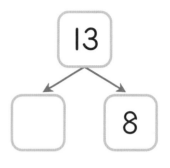

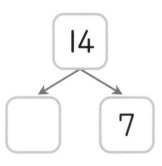

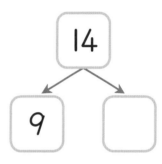

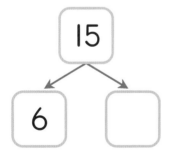

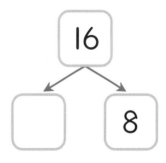

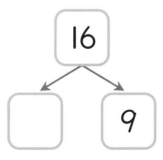

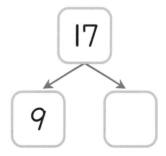

5 10개씩 묶어 세기

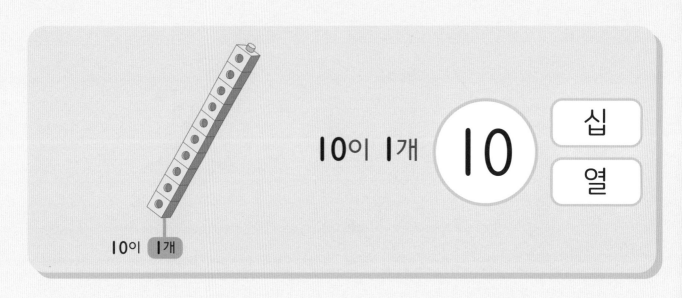

10이 1개　**10**　십　열

10이 1개

10이 2개　**20**　이십　스물

10이 1개　2개

10이 3개　**30**　삼십　서른

10이 1개　2개　3개

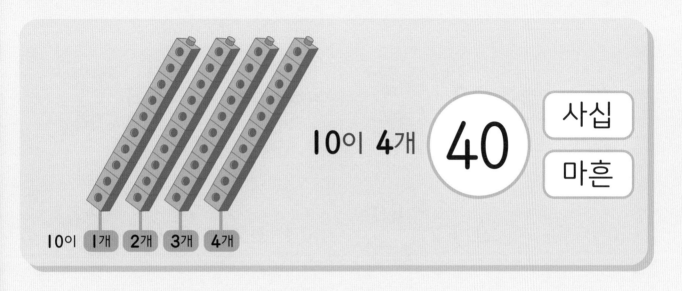

10이 4개 40 사십 마흔

10이 1개 2개 3개 4개

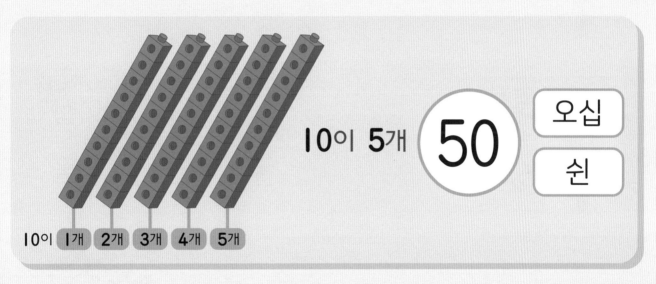

10이 5개 50 오십 쉰

10이 1개 2개 3개 4개 5개

10	20	30	40	50
십	이십	삼십	사십	오십
열	스물	서른	마흔	쉰

10개씩 묶음 2개 (20) 이십 / 스물

10개씩 묶음 3개 (30) 삼십 / 서른

10개씩 묶음 4개 (40) 사십 / 마흔

10개씩 묶음 5개 (50) 오십 / 쉰

개념 익히기

정답 38쪽

수를 세어 쓰세요.

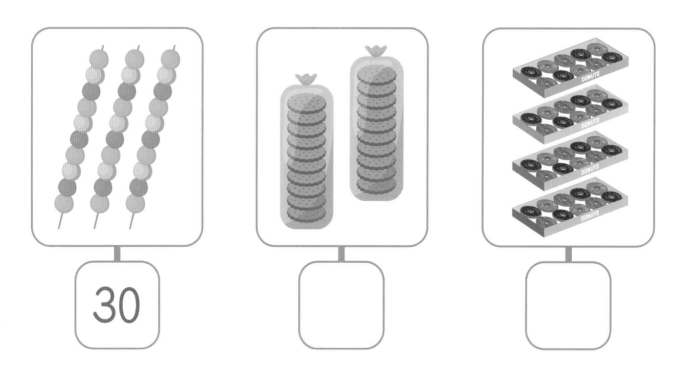

30

빈칸에 알맞은 수를 쓰고, 바르게 읽은 것에 모두 ○표 하세요.

구슬이 10개씩 묶음 2 개 : 20

→ (이십 , 삼십 , 스물)

구슬이 10개씩 묶음 ☐ 개 : ☐

→ (쉰 , 십 , 열)

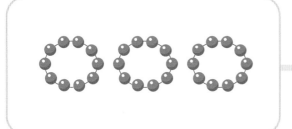

구슬이 10개씩 묶음 ☐ 개 : ☐

→ (서른 , 삼십 , 사십)

구슬이 10개씩 묶음 ☐ 개 : ☐

→ (오십 , 마흔 , 쉰)

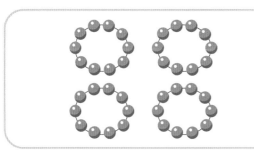

구슬이 10개씩 묶음 ☐ 개 : ☐

→ (십사 , 사십 , 마흔)

관계있는 것끼리 선으로 이으세요.

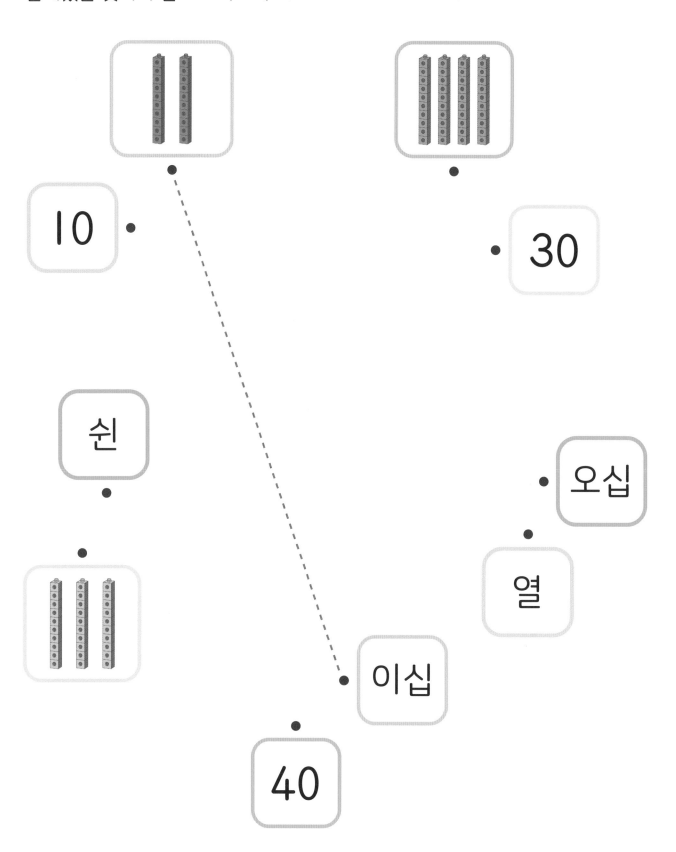

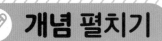
그림을 보고 빈칸에 알맞은 수를 쓰세요.

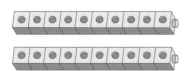

 20 은 30 보다 작습니다.

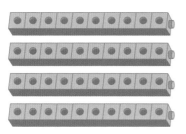

 ☐ 은 ☐ 보다 큽니다.

 ☐ 은 ☐ 보다 작습니다.

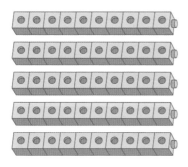

 ☐ 은 ☐ 보다 큽니다.

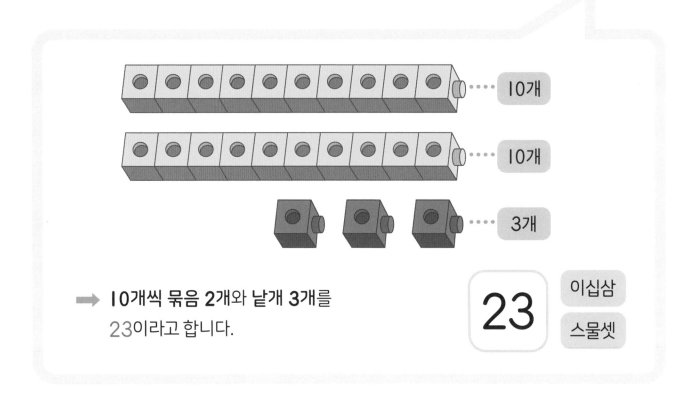

➡️ **10개씩 묶음 2개와 낱개 3개를** 23이라고 합니다.

23 이십삼
스물셋

✏️ **개념 익히기**

정답 39쪽

빈칸에 알맞은 수를 쓰세요.

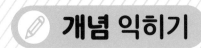

10개씩 묶음 3개
낱개 2개 ➡️ **32**

10개씩 묶음 2개
낱개 4개 ➡️

10개씩 묶음 4개
낱개 5개 ➡️

빈 곳에 알맞은 수를 쓰세요.

수	10개씩 묶음	낱개
48	4	8
36		
25		
☐	3	1
☐	4	9
27		
39		

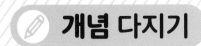
빈칸에 알맞은 수를 쓰세요.

마흔둘 ➡	42
삼십육 ➡	
스물일곱 ➡	
쉰 ➡	
사십오 ➡	
서른여덟 ➡	

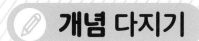
수를 바르게 읽은 것에 ◯표 하세요.

삼촌은 37살이에요.

| 삼십일곱 살 | 서른칠 살 | (서른일곱 살) |

25쪽을 읽어 보세요.

| 스물오 쪽 | 이십오 쪽 | 이십다섯 쪽 |

스티커를 41장이나 모았어.

| 마흔일 장 | 마흔한 장 | 사십한 장 |

우리 집은 16번지야.

| 열육 번지 | 십여섯 번지 | 십육 번지 |

39번 버스를 탔습니다.

| 삼십구 번 | 서른구 번 | 삼십아홉 번 |

사과가 46개 들어있어.

| 사십여섯 개 | 마흔여섯 개 | 마흔육 개 |

10개씩 묶고, 수를 세어 쓰세요.

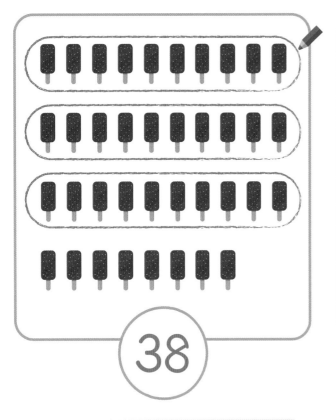

38

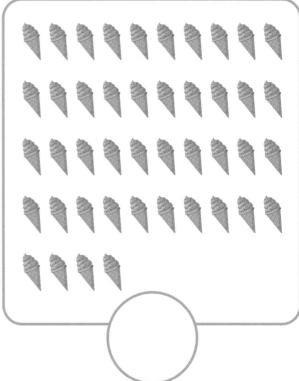

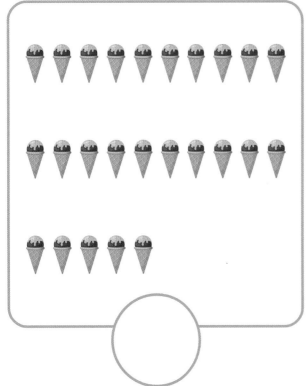

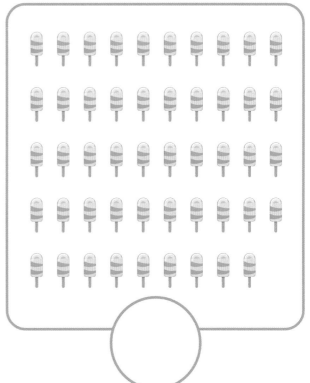

다른 것 하나를 찾아 △표 하세요.

수에는 순서가 있어요.

38과 40 사이에 있는 수

✏️ 개념 익히기

정답 41쪽

수의 순서에 맞게 빈칸에 알맞은 수를 쓰세요.

29 — 30 — 31 — 32 — 33 — 34

38 — ◯ — ◯ — 41 — 42 — ◯

◯ — 18 — 19 — ◯ — ◯ — 22

빈칸에 알맞은 수를 쓰면서 애벌레의 몸이 몇 마디인지 세어 보세요.

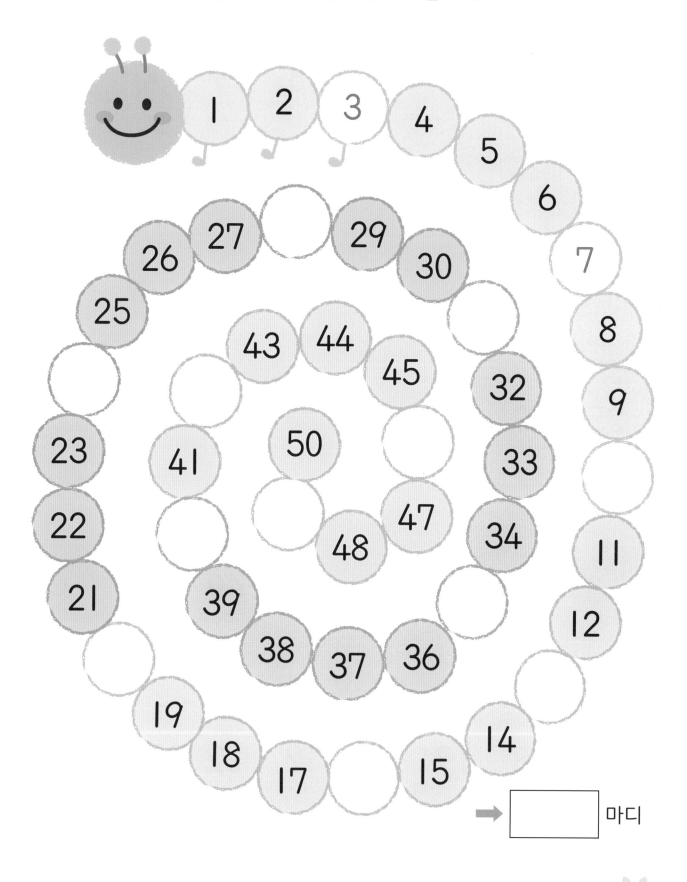

→ 마디

수의 순서가 틀린 곳을 2군데 찾아 ╳표 하고 바르게 고치세요.

14	15	16	17	18	19	~~30~~ 20	~~31~~ 21

43	44	45	46	45	48	49	40

25	29	27	28	29	30	13	32

43	35	36	37	38	49	40	41

17	18	19	20	12	22	33	24

빈칸을 알맞게 채우세요.

- 35보다 1만큼 더 큰 수는   **36**   입니다.

- 17보다 1만큼 더 작은 수는 ⬜ 입니다.

- 49보다 1만큼 더 ⬜ 수는 50입니다.

- 22보다 1만큼 더 ⬜ 수는 21입니다.

- 30보다 1만큼 더 작은 수는 ⬜ 입니다.

개념 펼치기

정답 42쪽

주어진 수를 알맞은 순서대로 쓰세요.

큰 수부터 순서대로 쓰세요.

| 45 | 48 | 47 | 46 | 44 | ➡ | 48 | 47 | 46 | 45 | 44 |

작은 수부터 순서대로 쓰세요.

| 31 | 30 | 28 | 29 | 27 | ➡ | | | | | |

큰 수부터 순서대로 쓰세요.

| 17 | 20 | 19 | 16 | 18 | ➡ | | | | | |

작은 수부터 순서대로 쓰세요.

| 22 | 19 | 23 | 21 | 20 | ➡ | | | | | |

큰 수부터 순서대로 쓰세요.

| 38 | 35 | 37 | 36 | 39 | ➡ | | | | | |

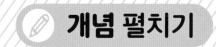
수를 찾아 알맞게 색칠해 보세요.

〰 1~10　　　　　　〰 21~30　　　　　　〰 41~50

　　　〰 11~20　　　　　　〰 31~40

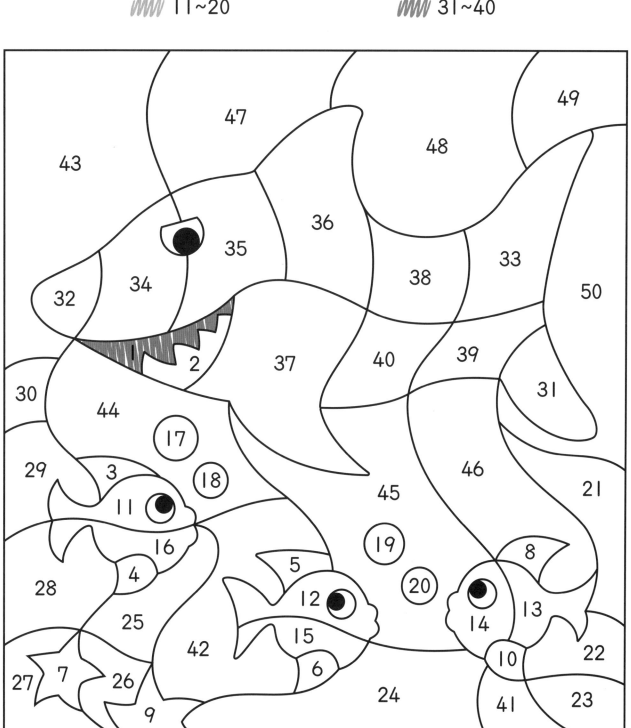

📖 **개념 쏙쏙**

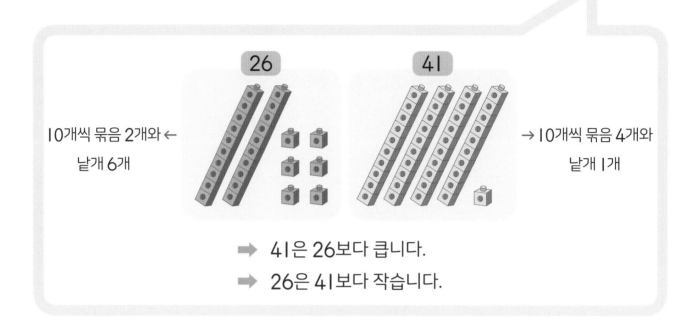

➡ 41은 26보다 큽니다.

➡ 26은 41보다 작습니다.

✏️ **개념 익히기**

정답 42쪽

05-37

수만큼 색칠하고, 알맞은 말에 ◯표 하세요.

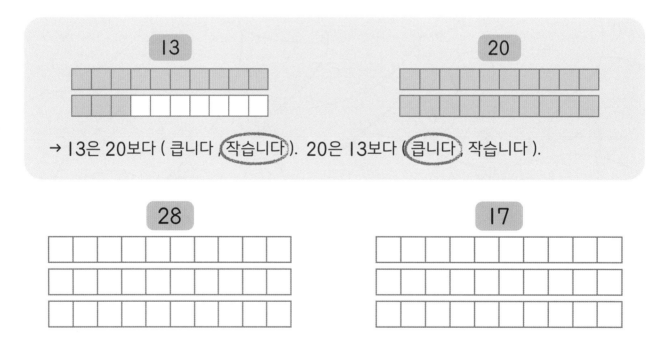

→ 13은 20보다 (큽니다 ,(작습니다)). 20은 13보다 ((큽니다), 작습니다).

→ 28은 17보다 (큽니다 , 작습니다). 17은 28보다 (큽니다 , 작습니다).

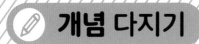
더 큰 수에 ○표 하세요.

27 25

| 19 21 | 40 38 |

| 33 23 | 16 47 |

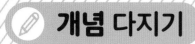
가장 작은 수에 △표 하세요.

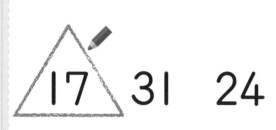

43	36	50

40	27	19

14	38	42

34	29	44

22	47	11

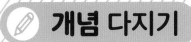

작은 수부터 순서대로 쓰세요.

13	45	36	28	50

→ (13 , 28 , 36 , 45 , 50)

27	19	43	30	21

→ (,   ,   ,   ,   )

48	20	39	16	35

→ (,   ,   ,   ,   )

32	11	46	22	17

→ (,   ,   ,   ,   )

23	47	14	34	40

→ (,   ,   ,   ,   )

? 안에 들어갈 수 있는 수에 모두 ◯표 하세요.

? 은 34보다 <u>작습니다.</u>

31　　47　　20　　39　　43

26은 **?** 보다 <u>큽니다.</u>

27　　13　　39　　46　　21

? 은 39보다 <u>큽니다.</u>

40　　25　　14　　38　　48

30은 **?** 보다 <u>작습니다.</u>

16　　29　　24　　31　　45

39는 **?** 보다 <u>큽니다.</u>

38　　50　　40　　11　　42

✏️ 개념 펼치기

☆ 안에 알맞은 수를 쓰고, 설명하는 수에 모두 ◯표 하세요.

10개씩 묶음 2개와 낱개 3개인 수 ➡ ☆ 23   ☆보다 **작은 수**를 모두 찾아봐!

41 ⟨20⟩ 39 ⟨16⟩ 27

10개씩 묶음 4개인 수 ➡ ☆   ☆보다 **큰 수**를 모두 찾아봐!

19 42 36 28 50

10개씩 묶음 4개와 낱개 5개인 수 ➡ ☆   ☆보다 **작은 수**를 모두 찾아봐!

49 14 50 46 37

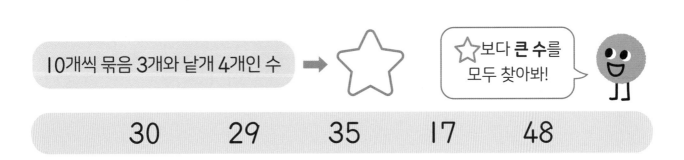

10개씩 묶음 3개와 낱개 4개인 수 ➡ ☆   ☆보다 **큰 수**를 모두 찾아봐!

30 29 35 17 48

1 빈칸에 알맞은 수를 쓰세요.

> 9보다 1만큼 더 큰 수를 ☐
> 이라고 합니다.

2 10개가 되도록 ○를 그리고, 빈칸에 알맞은 수를 쓰세요.

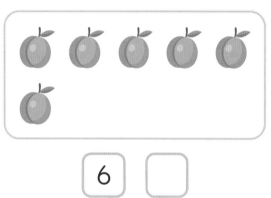

6 ☐
↓
10

3 관계있는 것끼리 선으로 이으세요.

쿠키 **10**개 •

2월 **10**일 •
• 십

10번 문제 •

• 열

색종이 **10**장 •

4 10개씩 묶어 수를 세어서 쓰고, 바르게 읽은 것에 모두 ○표 하세요.

☐

| 십이 | 이십이 | 열여덟 | 스물둘 |

5 문장이 완성되도록 15와 19를 빈칸에 알맞게 쓰세요.

☐ 는 ☐ 보다 큽니다.

6 13을 두 가지 방법으로 가르기를 해 보세요.

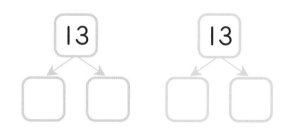

13 ☐ ☐   13 ☐ ☐

7 수를 잘못 읽은 사람의 이름에 △표 하세요.

8 수만큼 모형을 색칠하세요.

26

9 빈칸에 알맞은 수를 쓰세요.

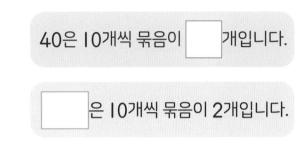

40은 10개씩 묶음이 ☐개입니다.

☐은 10개씩 묶음이 2개입니다.

10 빈칸에 알맞은 수를 쓰세요.

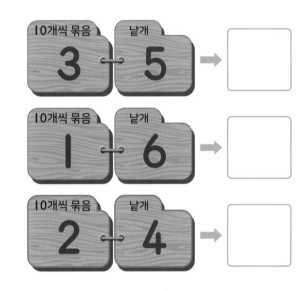

11 구슬이 모두 몇 개인지 쓰세요.

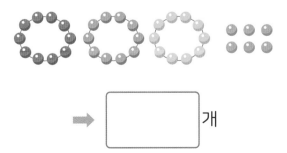

➡ ☐개

12 관계있는 것끼리 선으로 이으세요.

13 수의 순서에 맞게 빈칸에 알맞은 수를 쓰세요.

14 빈칸을 알맞게 채우세요.

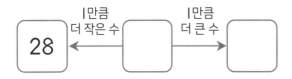

15 10개씩 묶음 3개와 낱개 9개인 수보다 1만큼 더 큰 수를 쓰세요.

16 수의 순서가 거꾸로 되도록 길을 그리세요.

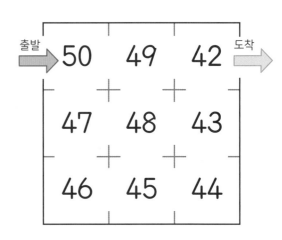

17 10개씩 묶고 수를 세어 크기를 비교해 보세요.

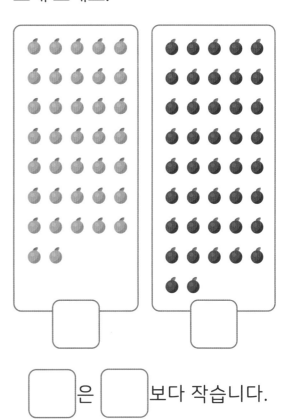

은 □ 보다 작습니다.

18 큰 수부터 순서대로 쓸 때, 앞에서 셋째 수는 무엇일까요?

$$22 \quad 14 \quad 36 \quad 45$$

☐

✏️ 서술형

19 다은이는 1년 동안 동화책 32권, 만화책 29권을 읽었습니다. 동화책과 만화책 중 어떤 것을 더 많이 읽었는지 풀이 과정과 답을 쓰세요.

풀이

답 (   )

✏️ 서술형

20 가장 큰 수와 가장 작은 수의 기호를 쓰고 풀이 과정을 쓰세요.

ㄱ 서른여덟

ㄴ 십구

ㄷ 10개씩 묶음 2개와 낱개 3개

ㄹ 45보다 1만큼 더 작은 수

가장 큰 수: (   )

가장 작은 수: (   )

풀이

상상력 키우기

1 내 몸무게를 쓰고 두 가지 방법으로 읽어 보세요.

- 내 몸무게:

- 읽기:

2 1부터 50까지의 수 중 여러분이 가장 좋아하는 수는 무엇인가요?
그 이유도 써 보세요.

- 좋아하는 수:

- 좋아하는 이유:

 **붙임딱지**

1단원 16쪽, 17쪽, 52쪽에 사용하세요.

1단원 16쪽

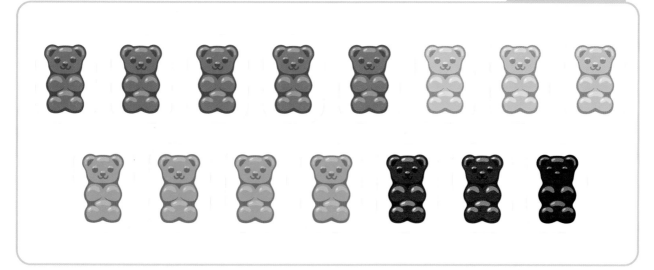

1단원 17쪽

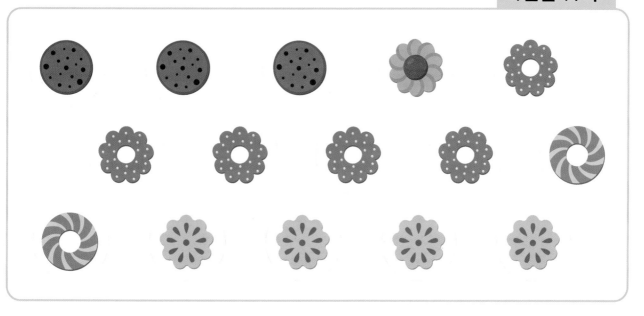

1단원 52쪽

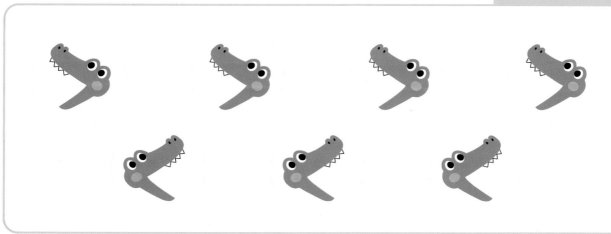

1단원 28쪽, 29쪽에 사용하세요.

1단원 28쪽

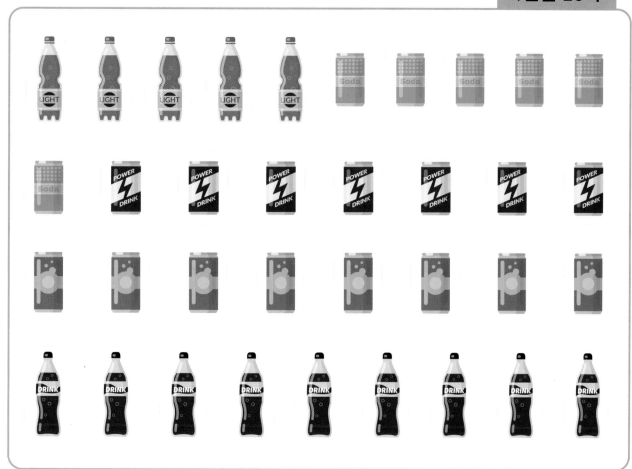

1단원 29쪽

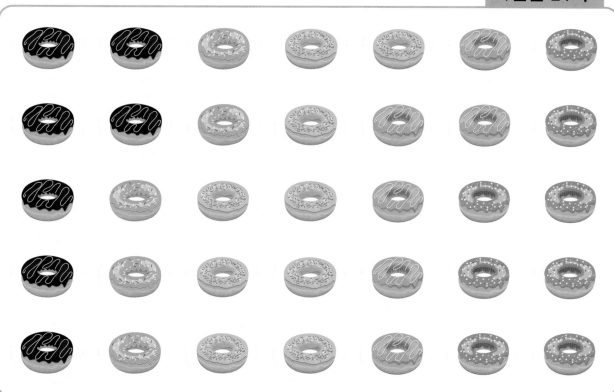

<정답 및 해설>을
스마트폰으로도
볼 수 있습니다.

1-1

새 교육과정 반영

그림으로 개념 잡는

초등수학

정답 및 해설

▶ 본문 각 페이지의 QR코드를 찍으면 더욱
자세한 풀이 과정이 담긴 영상을 보실 수 있습니다.

그림으로 개념 잡는
초등수학

1-1

정답 및 해설

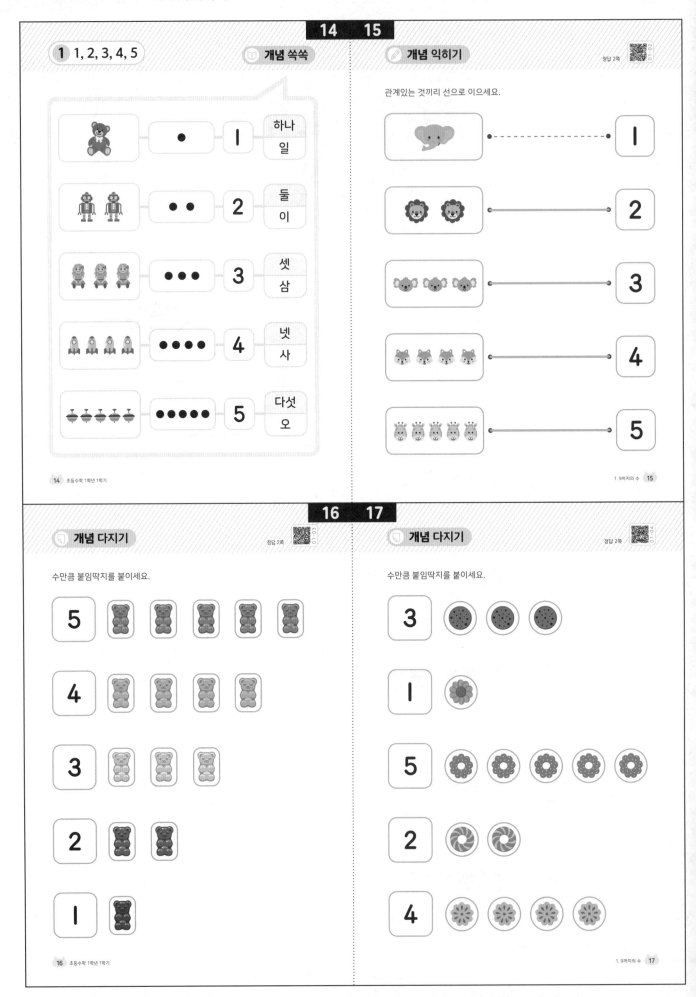

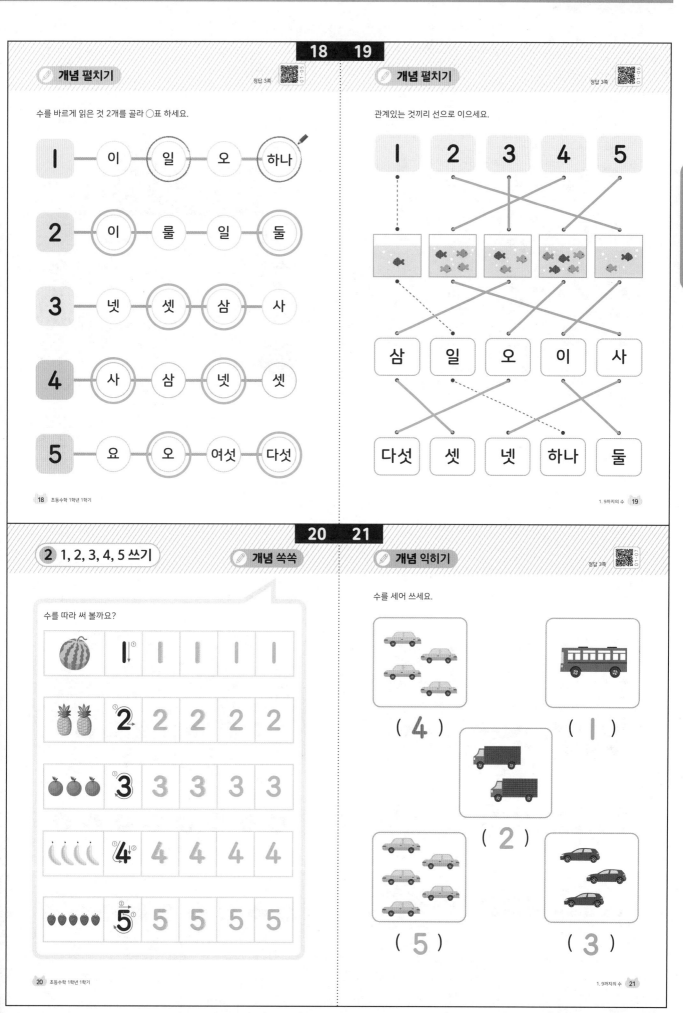

개념 펼치기

정답 3쪽

수를 바르게 읽은 것 2개를 골라 ○표 하세요.

1 — 이 — (일) — 오 — (하나)

2 — (이) — 룰 — 일 — (둘)

3 — 넷 — (셋) — (삼) — 사

4 — (사) — 삼 — (넷) — 셋

5 — 요 — (오) — 여섯 — (다섯)

개념 펼치기

정답 3쪽

관계있는 것끼리 선으로 이으세요.

1 2 3 4 5

삼 일 오 이 사

다섯 셋 넷 하나 둘

2 1, 2, 3, 4, 5 쓰기

개념 쏙쏙

수를 따라 써 볼까요?

1 1 1 1 1

2 2 2 2 2

3 3 3 3 3

4 4 4 4 4

5 5 5 5 5

개념 익히기

정답 3쪽

수를 세어 쓰세요.

(4)

(1)

(2)

(5)

(3)

정답 및 해설

정답 및 해설 3

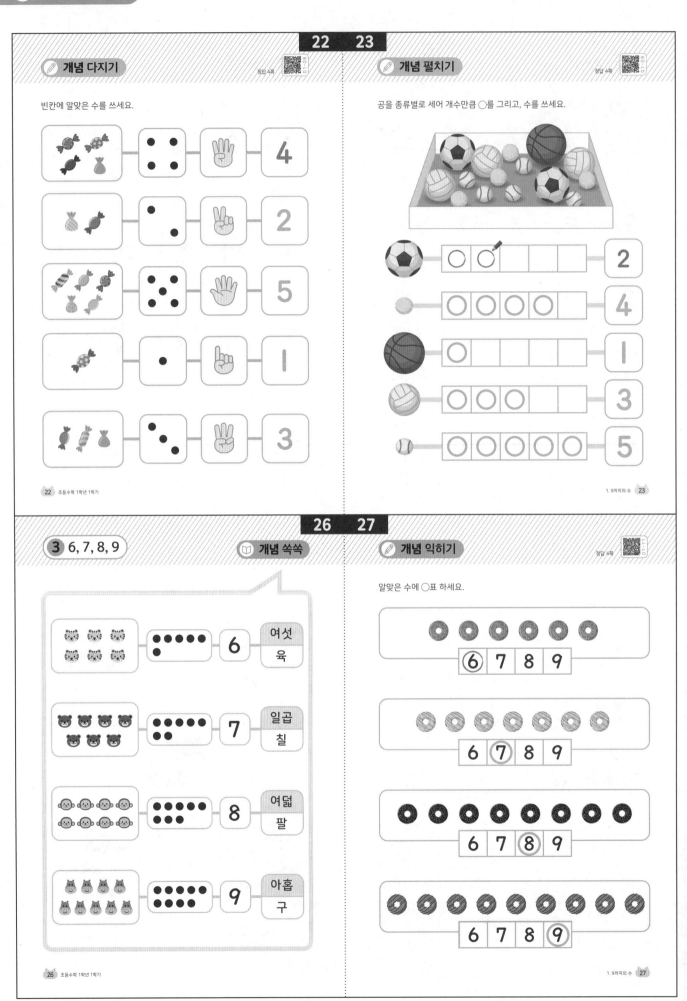

22 23

✏️ 개념 다지기

정답 4쪽

빈칸에 알맞은 수를 쓰세요.

✏️ 개념 펼치기

정답 4쪽

공을 종류별로 세어 개수만큼 ○를 그리고, 수를 쓰세요.

26 27

3 6, 7, 8, 9

📖 개념 쏙쏙

	6	여섯 / 육	
	7	일곱 / 칠	
	8	여덟 / 팔	
	9	아홉 / 구	

✏️ 개념 익히기

정답 4쪽

알맞은 수에 ○표 하세요.

⑥ 7 8 9

6 ⑦ 8 9

6 7 ⑧ 9

6 7 8 ⑨

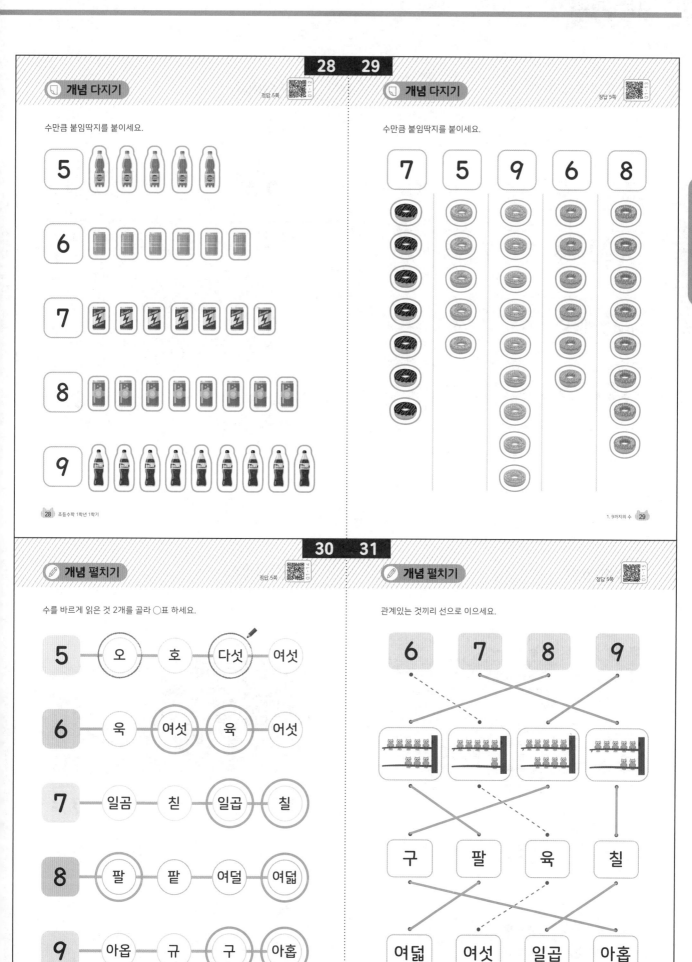

개념 다지기

정답 5쪽 01-12

수만큼 붙임딱지를 붙이세요.

5

6

7

8

9

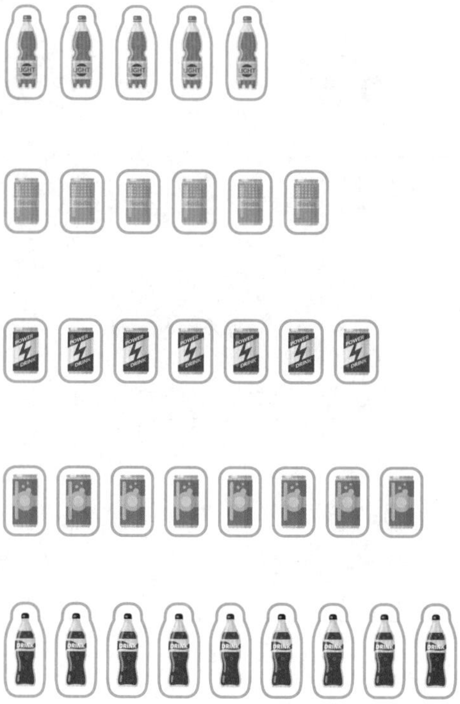

개념 다지기

정답 5쪽 01-13

수만큼 붙임딱지를 붙이세요.

7 5 9 6 8

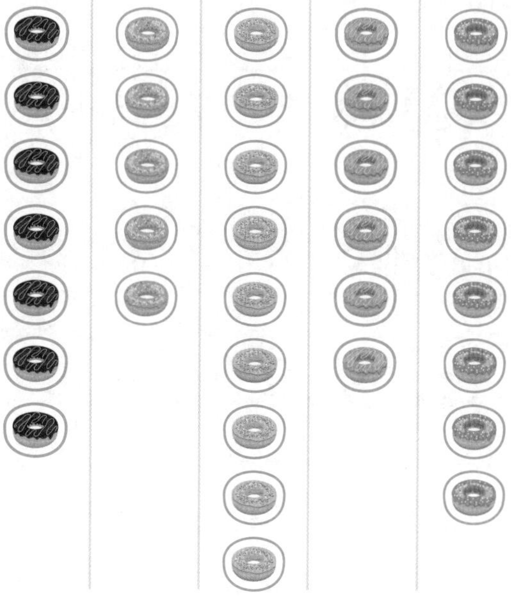

개념 펼치기

정답 5쪽 01-14

수를 바르게 읽은 것 2개를 골라 ○표 하세요.

5	오 (○)	호	다섯 (○)	여섯
6	욱	여섯 (○)	육 (○)	어섯
7	일곰	칟	일곱 (○)	칠 (○)
8	팔 (○)	팥	여덜	여덟 (○)
9	아옵	규	구 (○)	아홉 (○)

개념 펼치기

정답 5쪽 01-15

관계있는 것끼리 선으로 이으세요.

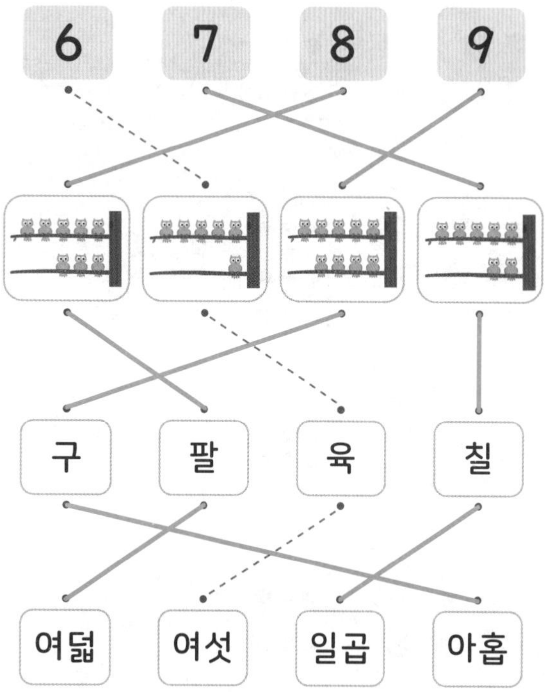
6
7
8
9
구
팔
육
칠
여덟
여섯
일곱
아홉

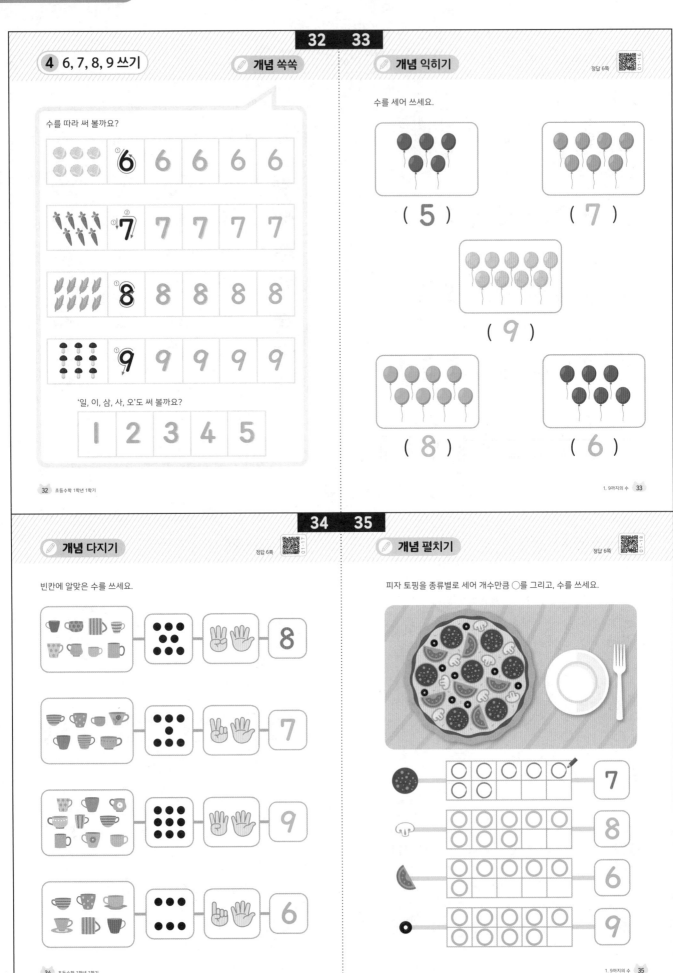

32 33

4 6, 7, 8, 9 쓰기

개념 쏙쏙

수를 따라 써 볼까요?

| 6 | 6 | 6 | 6 | 6 |

| 7 | 7 | 7 | 7 | 7 |

| 8 | 8 | 8 | 8 | 8 |

| 9 | 9 | 9 | 9 | 9 |

'일, 이, 삼, 사, 오'도 써 볼까요?

| 1 | 2 | 3 | 4 | 5 |

개념 익히기

정답 6쪽

수를 세어 쓰세요.

(5)   (7)

(9)

(8)   (6)

34 35

개념 다지기

정답 6쪽

빈칸에 알맞은 수를 쓰세요.

8

7

9

6

개념 펼치기

정답 6쪽

피자 토핑을 종류별로 세어 개수만큼 ◯를 그리고, 수를 쓰세요.

7

8

6

9

5 수로 순서 나타내기

📖 개념 쏙쏙

첫째　둘째　셋째　넷째　다섯째　여섯째　일곱째　여덟째　아홉째

지호　서현　준영　형식　지연　수지　윤아　태윤　지율

✏️ 개념 익히기

정답 7쪽

물음에 답하세요.

> 위의 그림에서 **둘째**에 있는 사람은 누구일까요?　(서현)

> 위의 그림에서 **넷째**에 있는 사람의 이름에 ○표 하세요.

> 위의 그림에서 **아홉째**에 있는 사람의 이름에 △표 하세요.

✏️ 개념 다지기

정답 7쪽

옳은 설명에는 ○표, 틀린 설명에는 ×표 하세요.

○　×

아기 돼지 삼 형제
국어 사전
헨젤과 그레텔
위인전 세종대왕
과학 상식
미국 교과서 읽는 리딩
곤충 도감
일 기 장
오늘의 요리

○　위에서 첫째 책은
빨간색이에요.

×　셋째
아래에서 넷째 책은
곤충 도감이에요.

×　다섯째
위에서 셋째 책은
과학 상식이에요.

×　여섯째
아래에서 일곱째 책은
파란색이에요.

○　가장 두꺼운 책은
위에서 둘째에 있어요.

×　일기장은 위에서
일곱째에 있어요.
여덟째

✏️ 개념 다지기

정답 7쪽

설명에 알맞게 그림을 색칠하세요. (순서는 왼쪽부터입니다.)

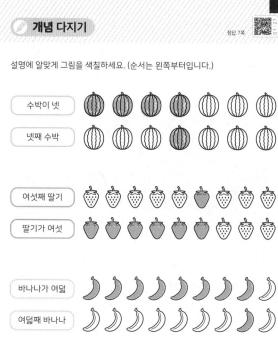

수박이 넷

넷째 수박

여섯째 딸기

딸기가 여섯

바나나가 여덟

여덟째 바나나

다섯째 사과

사과가 다섯

✏️ 개념 펼치기

정답 7쪽

알맞게 선으로 이으세요.

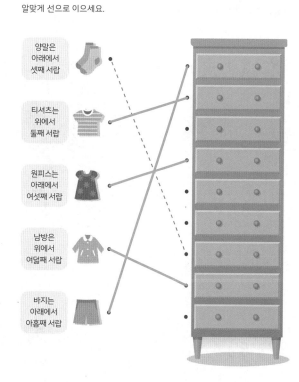

양말은
아래에서
셋째 서랍

티셔츠는
위에서
둘째 서랍

원피스는
아래에서
여섯째 서랍

남방은
위에서
여덟째 서랍

바지는
아래에서
아홉째 서랍

정답
및
해설

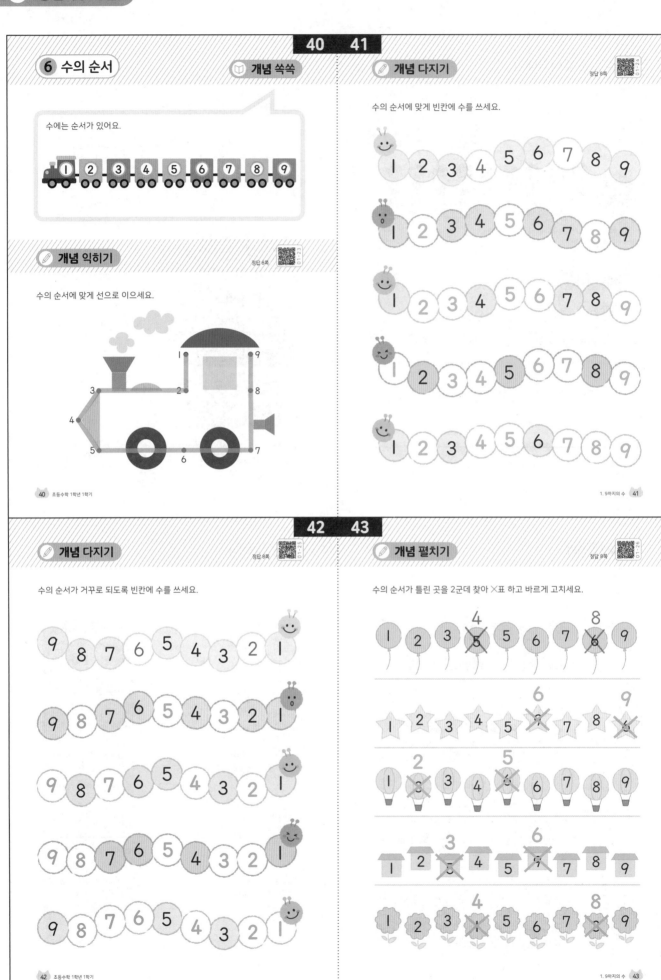

6 수의 순서

개념 쏙쏙

수에는 순서가 있어요.

1 2 3 4 5 6 7 8 9

개념 익히기

수의 순서에 맞게 선으로 이으세요.

개념 다지기

수의 순서에 맞게 빈칸에 수를 쓰세요.

1 2 3 4 5 6 7 8 9

1 2 3 4 5 6 7 8 9

1 2 3 4 5 6 7 8 9

1 2 3 4 5 6 7 8 9

1 2 3 4 5 6 7 8 9

개념 다지기

수의 순서가 거꾸로 되도록 빈칸에 수를 쓰세요.

9 8 7 6 5 4 3 2 1

9 8 7 6 5 4 3 2 1

9 8 7 6 5 4 3 2 1

9 8 7 6 5 4 3 2 1

9 8 7 6 5 4 3 2 1

개념 펼치기

수의 순서가 틀린 곳을 2군데 찾아 ✕표 하고 바르게 고치세요.

1 2 3 ✕5 5 6 ✕6 9   (4, 8)

1 2 3 4 5 ✕6 7 8 ✕9   (6, 9)

1 ✕3 3 4 ✕5 6 7 8 9   (2, 5)

1 2 ✕3 4 5 ✕7 7 8 9   (3, 6)

1 2 3 ✕4 5 6 7 ✕3 9   (4, 8)

7 1만큼 더 큰 수, 1만큼 더 작은 수　📖 개념 쏙쏙

8보다 1만큼
더 작은 수

6보다 1만큼
더 큰 수

5보다 1만큼
더 작은 수

3보다 1만큼
더 큰 수

9
8
⑦
6
5
④
3
2
1

← 수가 점점 작아집니다.　수가 점점 커집니다. →

✏️ 개념 익히기

□에 사람 수를 쓰고 ◯에 1만큼 더 작은 수, ◯에 1만큼 더 큰 수를 쓰세요.

③ — 4 — ⑤
1만큼 더 작은 수　　1만큼 더 큰 수

① — 2 — ③
1만큼 더 작은 수　　1만큼 더 큰 수

④ — 5 — ⑥
1만큼 더 작은 수　　1만큼 더 큰 수

② — 3 — ④
1만큼 더 작은 수　　1만큼 더 큰 수

⑤ — 6 — ⑦
1만큼 더 작은 수　　1만큼 더 큰 수

⑦ — 8 — ⑨
1만큼 더 작은 수　　1만큼 더 큰 수

정답 및 해설

✏️ 개념 다지기

1만큼 더 큰 수를 쓰고 빈칸을 알맞게 채우세요.

3 — 4　　3보다 1만큼 더 큰 수는 4 입니다.

6 — 7　　6보다 1만큼 더 큰 수는 7 입니다.

4 — 5　　4 보다 1만큼 더 큰 수는 5입니다.

7 — 8　　7보다 1만큼 더 큰 수는 8입니다.

5 — 6　　5보다 1 만큼 더 큰 수는 6입니다.

✏️ 개념 다지기

1만큼 더 작은 수를 쓰고 빈칸을 알맞게 채우세요.

4 — 5　　5보다 1만큼 더 작은 수는 4 입니다.

1 — 2　　2보다 1만큼 더 작은 수는 1 입니다.

7 — 8　　8보다 1 만큼 더 작은 수는 7입니다.

5 — 6　　6 보다 1만큼 더 작은 수는 5입니다.

8 — 9　　9보다 1만큼 더 작은 수는 8입니다.

정답 및 해설　9

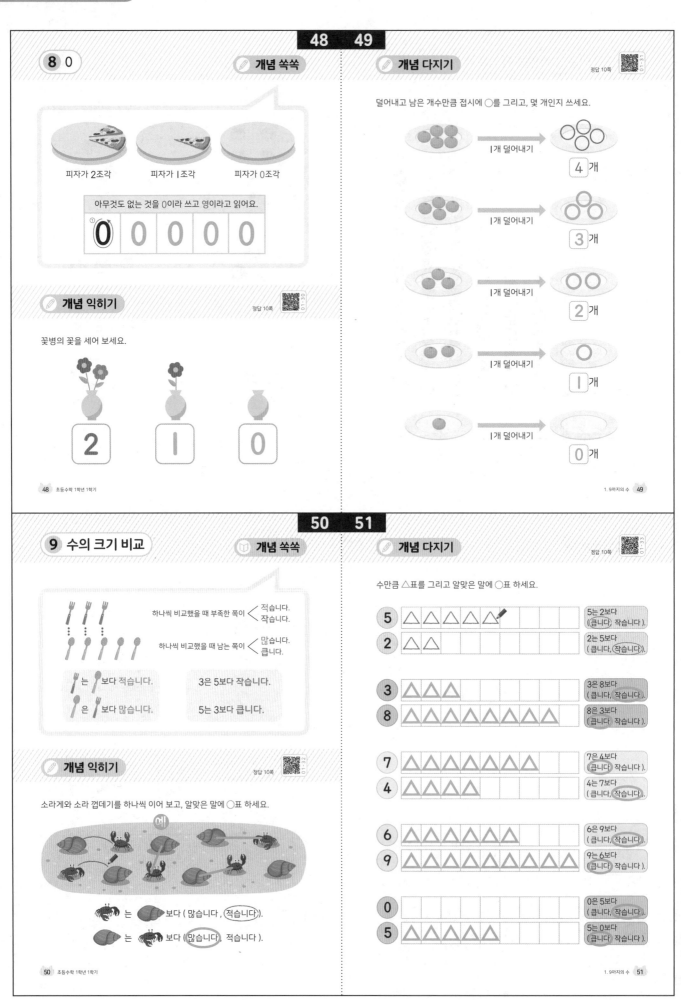

📖 개념 펼치기

정답 11쪽

악어가 더 큰 수 쪽으로 입을 벌리도록 ◯ 안에 붙임딱지를 붙이세요.

5 ＜ 9　　8 ＞ 6

4 ＞ 2　　0 ＜ 1

7 ＞ 3　　2 ＜ 6

8 ＜ 9　　5 ＞ 4

✏️ 개념 펼치기

정답 11쪽

악어가 큰 수 쪽으로 입을 벌리고 있습니다. ? 안에 들어갈 수 있는 수에 모두 ◯표 하세요.

5 ＞ ? ⓪①②③④ 5 6 7 8 9

→ 5보다 작은 수를 모두 찾으면 됩니다.

8 ＜ ? 0 1 2 3 4 5 6 7 8 ⑨

→ 8보다 큰 수를 찾으면 됩니다.

? ＜ 6 0 1 2 3 4 5 6 ⑦⑧⑨

→ 6보다 큰 수를 모두 찾으면 됩니다.

? ＜ 3 ⓪①② 3 4 5 6 7 8 9

→ 3보다 작은 수를 모두 찾으면 됩니다.

7 ＜ ? 0 1 2 3 4 5 6 7 ⑧⑨

→ 7보다 큰 수를 모두 찾으면 됩니다.

✅ 개념 마무리

정답 11쪽

1 동물의 수만큼 ◯를 그리고 ☆ 안에 동물의 수를 쓰세요.

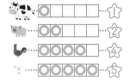

2 수만큼 그림을 ◯로 묶으세요.

7

3 관계있는 것끼리 선으로 이으세요.

사　오　삼

셋　넷　다섯

4 수를 세어 쓰세요.

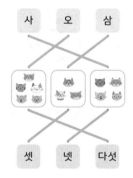

(9)

5 수를 세어 알맞은 수에 ◯표 하세요.

5 ⑥ 7

6 수를 두 가지 방법으로 바르게 읽은 사람을 골라 얼굴에 ◯표 하세요.

6 ┃ 구 , 여섯
7 ┃ 칠 , 여덟
9 ┃ 구 , 아홉

7 넷째 공룡에 ◯표 하세요.

첫째 둘째 셋째 넷째 다섯째

8 알맞게 색칠하세요. (순서는 왼쪽에서부터입니다.)

여섯 ★★★★★★
여섯째 ☆☆☆☆☆★

[9~10] 그림을 보고 물음에 답하세요.

9 아래에서부터 다섯째 층을 빨간색으로 색칠하세요.

10 위에서부터 일곱째 층을 파란색으로 색칠하세요.

56   57

✅ **개념 마무리**

정답 12쪽

11 수의 순서대로 길을 그려 보세요.

12 순서를 거꾸로 하여 수를 썼습니다. 빈칸에 알맞은 수를 쓰세요.

13 곰의 수보다 1만큼 더 작은 수가 되도록 ♡를 색칠하세요.

14 바나나맛 우유의 수보다 1만큼 더 큰 수를 쓰세요.

15 ☐ 안에 알맞은 수를 쓰세요.

16 알맞은 말에 ○표 하세요.

2는 5보다 (큽니다. 작습니다).

17 4보다 크고 8보다 작은 수를 모두 찾아 ○표 하세요.

18 수를 세어 쓰고, 더 작은 수에 △표 하세요.

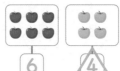

✏ 서술형
19 다음 중 가장 큰 수가 무엇인지 풀이 과정과 기호를 쓰세요.

㉠ 육
㉡ 일곱
㉢ 5보다 1만큼 더 작은 수
㉣ 8보다 1만큼 더 큰 수

풀이

예 ㉠ : 6
㉡ : 7
㉢ : 4
㉣ : 9
따라서 가장 큰 수는 9 입니다.

답 (㉣)

✏ 서술형
20 윤서의 가방에 공책이 8권, 연필이 3자루 들어있습니다. 물건의 수가 더 적은 것은 무엇인지 풀이 과정을 쓰고 답을 구하세요.

풀이

예 3은 8보다 작습니다. 따라서 연필의 수가 공책의 수보다 더 적습니다.

답 (연필)

참 잘했어요!

58   59

✨ **상상력 키우기**

1단원: 9까지의 수

1 친구 전화번호 뒤의 네 자리에 어떤 숫자가 들어있나요? 모두 써 보세요. ✏

예 1, 2, 3, 4가 들어있어요. ☎

2 가사를 보고 잘잘잘 노래를 불러 보세요. ♪

하나 하면 할머니가 지팡이 짚는다고 잘잘잘
둘 하면 두부 장수 두부를 판다고 잘잘잘
셋 하면 새색시가 거울을 본다고 잘잘잘
넷 하면 냇가에서 빨래를 한다고 잘잘잘
다섯 하면 다람쥐가 도토리 줍는다고 잘잘잘
여섯 하면 여우가 재주를 넘는다고 잘잘잘
일곱 하면 일꾼들이 나무를 벤다고 잘잘잘
여덟 하면 엿장수가 호박엿을 판다고 잘잘잘
아홉 하면 아버지가 마당을 쓴다고 잘잘잘
열 하면 열무 장수 열무가 왔다고 잘잘잘

2 여러 가지 모양

• 이 단원에서 배울 내용 •

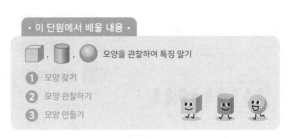 모양을 관찰하여 특징 알기

1 모양 찾기
2 모양 관찰하기
3 모양 만들기

2. 여러 가지 모양

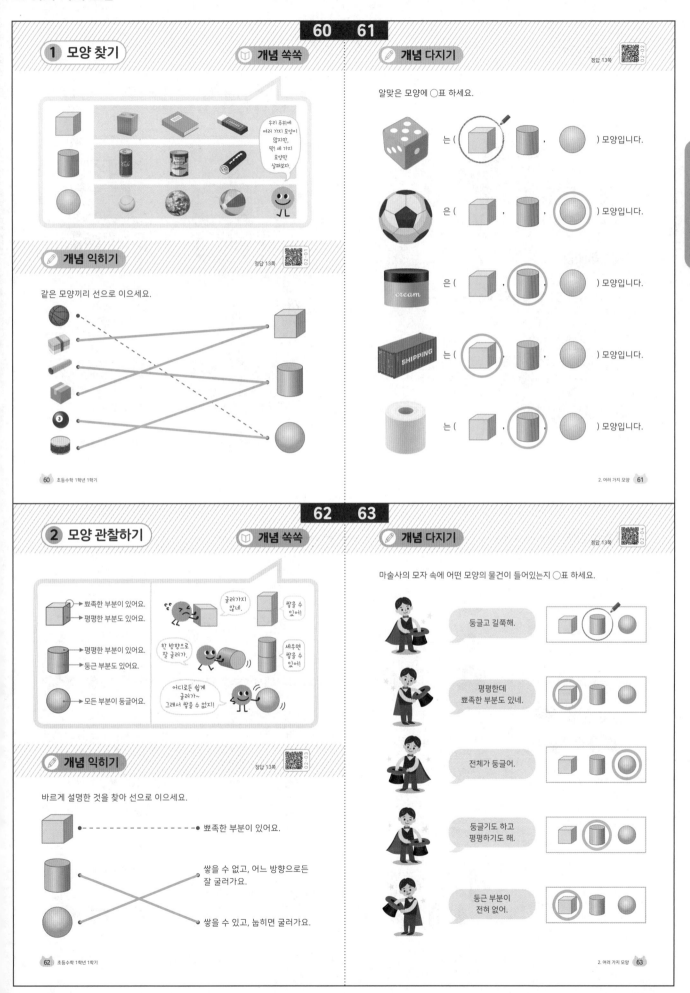

64 65

3 모양 만들기

📖 **개념 쏙쏙**

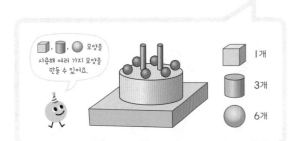

✏️ **개념 익히기**

정답 14쪽

아래의 모양을 만드는 데 🟦, 🔵, ⚪ 모양을 몇 개 사용했는지 세어 보세요.

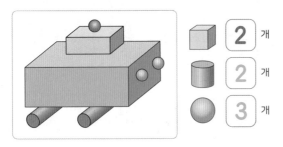

🟦 **2** 개
🔵 **2** 개
⚪ **3** 개

✏️ **개념 다지기**

정답 14쪽

🟦, 🔵, ⚪ 모양을 사용하여 여러 가지 모양을 만들었습니다. 두 그림을 보고, 다른 모양을 사용한 곳을 모두 찾아 ◯표 하세요.

의자
(3군데)

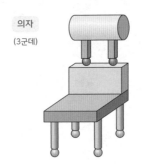 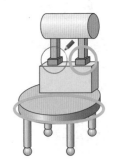

로봇
(4군데)

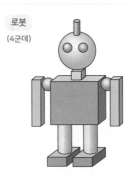 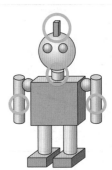

66 67

✅ **개념 마무리**

정답 14쪽

1 🔵 모양과 다른 모양 하나를 찾아 ✕표 하세요.

[2~4] 그림을 보고 물음에 답하세요.

2 🟦 모양에 □표 하고 개수를 세어 보세요.
_3_ 개

3 🔵 모양에 △표 하고 개수를 세어 보세요.
_2_ 개

4 ⚪ 모양에 ◯표 하고 개수를 세어 보세요.
_2_ 개

5 관계있는 것끼리 선으로 이으세요.

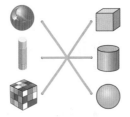

6 집에서 찾을 수 있는 🔵 모양의 물건을 2개 쓰세요.

(예 컵, 통조림,
두루마리 휴지)

7 다음 중 🔵 모양인 것을 모두 찾아 ◯표 하세요.

8 뾰족한 부분이 있고 쌓을 수 있는 물건을 모두 찾아 ◯표 하세요.

9 🟦 모양에 대해 잘못 말한 사람을 찾으세요.

유미: 둥근 부분이 없어.
채은: 뾰족한 부분과 평평한 부분이 있어.
지후: 위에서 보면 □ 모양이야.
태민: 어느 방향으로든 잘 굴러가.

(태민)

10 🔵 모양의 평평한 부분이 몇 개인지 세어 보세요.
_2_ 개

11 설명하는 모양을 찾아 ◯표 하세요.

- 둥근 부분이 있습니다.
- 평평한 부분이 있습니다.
- 세우면 쌓을 수 있습니다.
- 한 방향으로 잘 굴러갑니다.

12 아래 그림과 같은 주사위에서 평평한 부분이 몇 개인지 세어 보세요.

_6_ 개

13 어떤 방향에서 보아도 ◯로 보이는 모양에 ◯표 하세요.

✓ 개념 마무리

정답 15쪽

14 아래의 모양을 만드는 데 사용하지 않은 모양을 찾아 ✕표 하세요.

15 아래의 모양을 앞에서 본 모습을 찾아 ◯표 하세요.

(가)　(나)

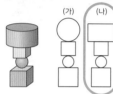

16 아래의 모양을 만드는 데 , , ◯ 모양을 몇 개 사용했는지 세어 보세요.

17 아래의 모양을 만드는 데 가장 많이 사용한 모양에 ◯표 하세요.

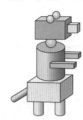

5개　4개　3개

18 모양을 규칙적으로 늘어놓았습니다. 다음에 나올 모양을 골라 ◯표 하세요.

◯ ⬜ ▯가 반복되는 규칙입니다.

서술형

19 집이 ◯ 모양이 아닌 이유가 무엇인지 자신의 생각을 쓰세요.

이유

예 ◯ 모양은 어느 방향으로든 잘 굴러 가서, 집이 계속 움직이면 사람이 살기 어렵기 때문입니다.

※ '잘 굴러간다.'는 표현이 들어가면 정답입니다.

서술형

20 자동차 바퀴가 ⬜ 모양이 아닌 이유가 무엇인지 자신의 생각을 쓰세요.

이유

예 ⬜ 모양은 굴러가지 않아서, 자동차가 움직일 수 없기 때문입니다.

※ '굴러가지 않는다.'는 표현이 들어가면 정답입니다.

68 초등수학 1학년 1학기

2. 여러 가지 모양 69

✦ 상상력 키우기

2단원: 여러 가지 모양

1 ⬜, ▯, ◯ 모양에 자유롭게 이름을 붙여 주세요.

예

⬜ 의 이름: 뾰족이

▯ 의 이름: 둥글이

◯ 의 이름: 데굴이

2 여러분의 가장 소중한 보물을 보관하는 통을 만든다면 ⬜, ▯, ◯ 모양 중에 어떤 모양으로 만들고 싶은가요? 그 이유는 무엇인가요?

예 ⬜ 모양으로 만들고 싶습니다. 왜냐하면 잘 굴러가지 않아서 보관하기에 편리할 것 같기 때문입니다.

70 초등수학 1학년 1학기

3 덧셈과 뺄셈

• 이 단원에서 배울 내용 •

모으기와 가르기, 덧셈과 뺄셈의 의미

❶ 모으기와 가르기 (1)　　❺ 덧셈 (2)　　❾ 뺄셈 (3)

❷ 모으기와 가르기 (2)　　❻ 덧셈 (3)　　❿ 0이 있는 덧셈과 뺄셈

❸ 이야기 만들기　　❼ 뺄셈 (1)　　⓫ 덧셈과 뺄셈

❹ 덧셈 (1)　　❽ 뺄셈 (2)

정답 및 해설 **15**

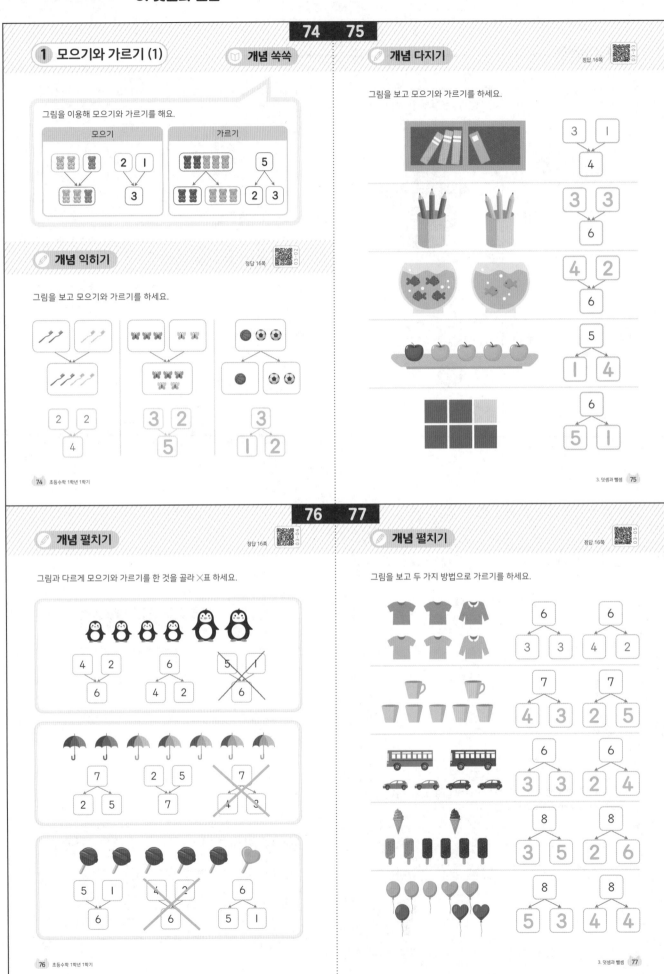

1 모으기와 가르기 (1) 개념 쏙쏙

그림을 이용해 모으기와 가르기를 해요.

개념 익히기 정답 16쪽

그림을 보고 모으기와 가르기를 하세요.

개념 다지기 정답 16쪽

그림을 보고 모으기와 가르기를 하세요.

개념 펼치기 정답 16쪽

그림과 다르게 모으기와 가르기를 한 것을 골라 ✕표 하세요.

개념 펼치기 정답 16쪽

그림을 보고 두 가지 방법으로 가르기를 하세요.

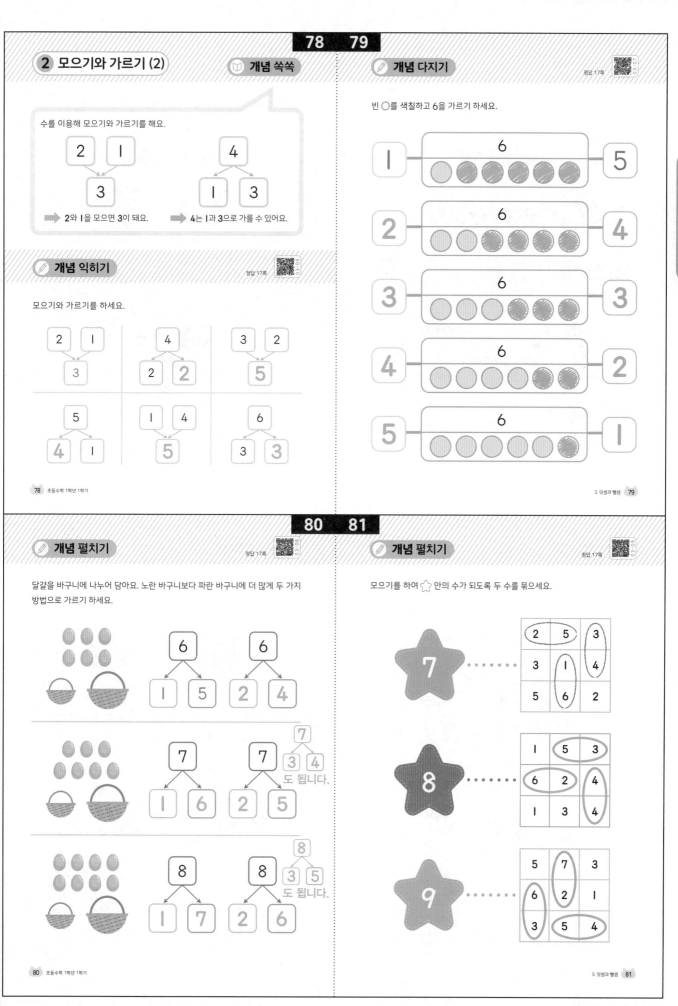

② 모으기와 가르기 (2)　📘 개념 쏙쏙

수를 이용해 모으기와 가르기를 해요.

2　1
↓
3

4
↙↘
1　3

➡ 2와 1을 모으면 3이 돼요.　➡ 4는 1과 3으로 가를 수 있어요.

✏ 개념 익히기

정답 17쪽

모으기와 가르기를 하세요.

2　1
↓
3

4
↙↘
2　2

3　2
↓
5

5
↙↘
4　1

1　4
↓
5

6
↙↘
3　3

✏ 개념 다지기

정답 17쪽

빈 ◯를 색칠하고 6을 가르기 하세요.

1　| 6 | ●●●●●● |　5

2　| 6 | ●●●●●● |　4

3　| 6 | ●●●●●● |　3

4　| 6 | ●●●●●● |　2

5　| 6 | ●●●●●● |　1

✏ 개념 펼치기

정답 17쪽

달걀을 바구니에 나누어 담아요. 노란 바구니보다 파란 바구니에 더 많게 두 가지 방법으로 가르기 하세요.

6
↙↘
1　5

6
↙↘
2　4

7
↙↘
1　6

7
↙↘
2　5

7
↙↘
3　4
도 됩니다.

8
↙↘
1　7

8
↙↘
2　6

8
↙↘
3　5
도 됩니다.

✏ 개념 펼치기

정답 17쪽

모으기를 하여 ☆ 안의 수가 되도록 두 수를 묶으세요.

7 ······

2	5	③
3	①	④
5	⑥	2

8 ······

1	⑤	③
⑥	②	④
1	3	④

9 ······

5	⑦	3
⑥	②	1
3	⑤	④

82   83

3 이야기 만들기

📖 개념 쏙쏙

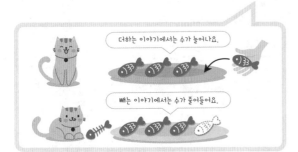

더하는 이야기에서는 수가 늘어나요.

빼는 이야기에서는 수가 줄어들어요.

✏ 개념 익히기

정답 18쪽

그림을 보고 알맞은 수에 ○표 하세요.

더하는 이야기
의자에 앉아있는 아이가 (2 , ③)명,
바닥에 앉아있는 아이가 (Ⅰ , ②)명
이므로 모두 (⑤ , 6)명입니다.

빼는 이야기
의자가 (4 , ⑤)개이고, 의자에
앉아있는 아이가 (③ , 4)명이므로
빈 의자는 (Ⅰ , ②)개입니다.

✏ 개념 다지기

그림을 보고 이야기에 알맞은 말에 ○표 하세요.

- 남자 아이와 여자 아이의 풍선을 (모으면 , 가르면) 모두 5개입니다.
- 여자 아이의 풍선이 남자 아이의 풍선보다 (더 많습니다 , 더 적습니다).

- 풍선 4개에서 풍선 Ⅰ개가 날아가면 3개가 (먹습니다 , 남습니다).
- 빨간 풍선과 노란 풍선을 모으면 (매우 , 모두 , 빼기) 3개입니다.

84   85

✏ 개념 다지기

그림을 보고 **보기** 를 이용하여 이야기를 만들어 보세요.

보기
| 모으면 | 가르면 | 더 많습니다 | 모두 | 남습니다 |

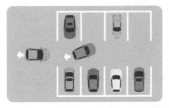

- 주차장에 있는 자동차는 들어오는 자동차보다 **더 많습니다** .
- 자동차 6대가 있는데 2대가 더 들어와서 **모두** 8대가 되었습니다.

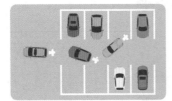

- 자동차 8대가 있는데 3대가 나가면 5대가 **남습니다** .
- 주차장에 남는 자동차는 나가는 자동차보다 **더 많습니다** .

✏ 개념 펼치기

그림을 보고 두 가지 이야기를 만들어 보세요.

- 빨간색 알이 **4** 개, 파란색 알이 **2** 개이므로 모두 **6** 개입니다.
- 빨간색 알이 **4** 개, 파란색 알이 **2** 개이므로 빨간색 알이 파란색 알보다 **2** 개 더 많습니다.

- 자전거를 탄 아이가 **5** 명, 스케이트보드를 탄 아이가 **2** 명이므로 모두 **7** 명입니다.
- 자전거를 탄 아이가 **5** 명, 스케이트보드를 탄 아이가 **2** 명이므로 자전거를 탄 아이가 스케이트보드를 탄 아이보다 **3** 명 더 많습니다.

4 덧셈 (1)

개념 쏙쏙

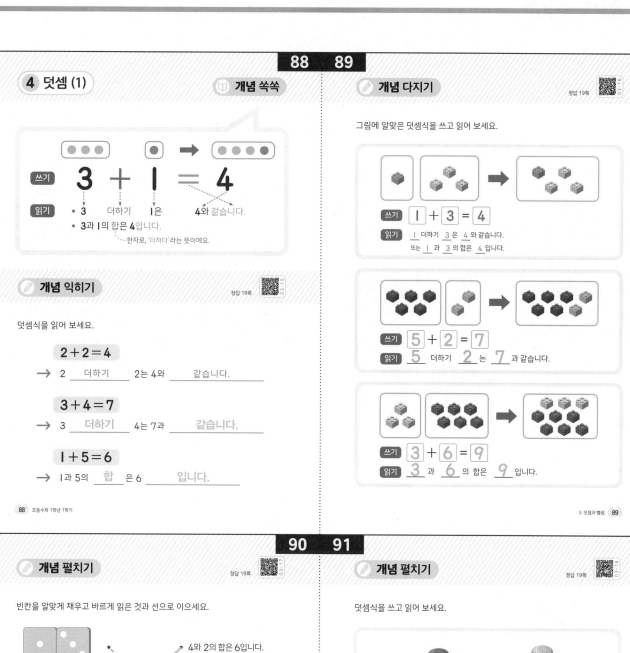

쓰기 3 + 1 = 4

읽기
- 3 더하기 1은 4와 같습니다.
- 3과 1의 합은 4입니다.
  └─ 한자로, '더하다'라는 뜻이에요.

개념 익히기

정답 19쪽

덧셈식을 읽어 보세요.

2+2=4
→ 2 __더하기__ 2는 4와 __같습니다.__

3+4=7
→ 3 __더하기__ 4는 7과 __같습니다.__

1+5=6
→ 1과 5의 __합__ 은 6 __입니다.__

개념 다지기

정답 19쪽

그림에 알맞은 덧셈식을 쓰고 읽어 보세요.

쓰기 1 + 3 = 4

읽기 1 더하기 3 은 4 와 같습니다.
또는 1 과 3 의 합은 4 입니다.

쓰기 5 + 2 = 7

읽기 5 더하기 2 는 7 과 같습니다.

쓰기 3 + 6 = 9

읽기 3 과 6 의 합은 9 입니다.

개념 펼치기

정답 19쪽

빈칸을 알맞게 채우고 바르게 읽은 것과 선으로 이으세요.

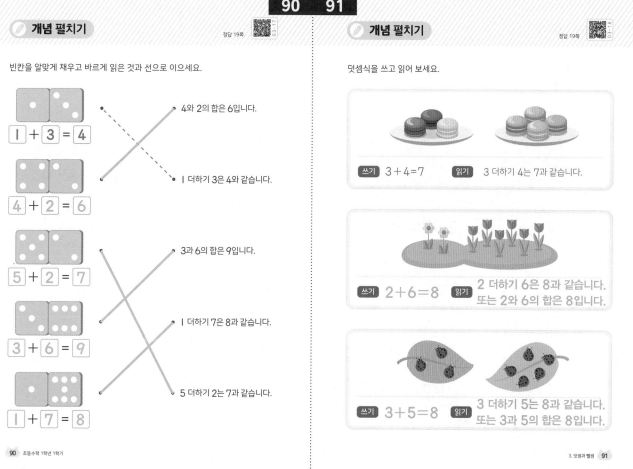

1 + 3 = 4

4 + 2 = 6

5 + 2 = 7

3 + 6 = 9

1 + 7 = 8

- 4와 2의 합은 6입니다.
- 1 더하기 3은 4와 같습니다.
- 3과 6의 합은 9입니다.
- 1 더하기 7은 8과 같습니다.
- 5 더하기 2는 7과 같습니다.

개념 펼치기

정답 19쪽

덧셈식을 쓰고 읽어 보세요.

쓰기 3+4=7 **읽기** 3 더하기 4는 7과 같습니다.

쓰기 2+6=8 **읽기** 2 더하기 6은 8과 같습니다.
또는 2와 6의 합은 8입니다.

쓰기 3+5=8 **읽기** 3 더하기 5는 8과 같습니다.
또는 3과 5의 합은 8입니다.

정답 및 해설

정답 및 해설

19

5 덧셈 (2)　　　　　📖 개념 쏙쏙

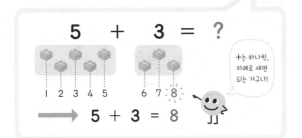

$5 + 3 = ?$

┼는 하나씩, 차례로 세면 되는 거구나

1　2　3　4　5　　6　7　8

➡️　$5 + 3 = 8$

✏️ **개념 익히기**　　정답 20쪽

그림의 개수를 세면서 덧셈을 하세요.

$2 + 4 = \boxed{6}$

$3 + 3 = \boxed{6}$

$5 + 2 = \boxed{7}$

✏️ **개념 다지기**　　정답 20쪽

알맞게 ○를 그려 덧셈을 하세요.

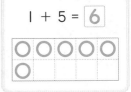
$2 + 4 = \boxed{6}$

$1 + 5 = \boxed{6}$

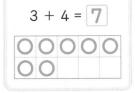
$7 + 1 = \boxed{8}$

$3 + 4 = \boxed{7}$

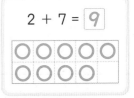
$6 + 3 = \boxed{9}$

$2 + 7 = \boxed{9}$

✏️ **개념 다지기**　　정답 20쪽

계단에 알맞게 표시하고 덧셈을 하세요.

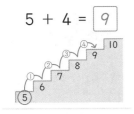
$5 + 4 = \boxed{9}$

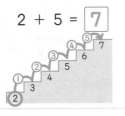
$4 + 3 = \boxed{7}$

$6 + 3 = \boxed{9}$

$2 + 5 = \boxed{7}$

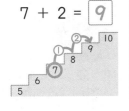
$7 + 2 = \boxed{9}$

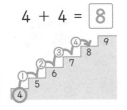
$4 + 4 = \boxed{8}$

✏️ **개념 펼치기**　　정답 20쪽

모으기를 하고, 덧셈식으로 쓰세요.

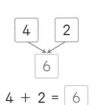
$4 + 2 = \boxed{6}$

$6 + 1 = \boxed{7}$

$5 + 2 = \boxed{7}$

$6 + 2 = \boxed{8}$

$8 + 1 = \boxed{9}$

$5 + 4 = \boxed{9}$

6 덧셈 (3)

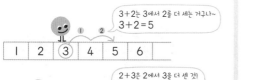

3+2는 3에서 2를 더 세는 거구나~
3+2=5

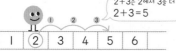

2+3은 2에서 3을 더 센 것!
2+3=5

두 수를 더할 때는 순서를 바꿔서 더해도 돼~

✏️ 개념 익히기

정답 21쪽

띠를 이용하여 두 수의 순서를 바꾸어 더해 보세요.

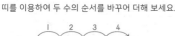

②+4 = 6
④+2 = 6

①+5 = 6
⑤+1 = 6

✏️ 개념 다지기

정답 21쪽

그림을 보고 □ 안에 알맞은 수를 쓰세요.

5 + 2 = 7

4 + 3 = 7

2 + 5 = 7

3 + 4 = 7

3 + 6 = 9

5 + 4 = 9

6 + 3 = 9

4 + 5 = 9

✏️ 개념 다지기

정답 21쪽

빈칸에 알맞은 수를 쓰고 합이 같은 덧셈식끼리 선으로 이으세요.

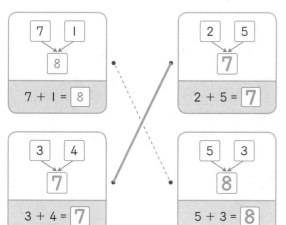

7　1
↓
8
7 + 1 = 8

2　5
↓
7
2 + 5 = 7

3　4
↓
7
3 + 4 = 7

5　3
↓
8
5 + 3 = 8

6　3
↓
9
6 + 3 = 9

2　7
↓
9
2 + 7 = 9

✏️ 개념 펼치기

정답 21쪽

덧셈을 하세요.

5 + 1 = 6　　7 + 2 = 9
4 + 2 = 6　　6 + 3 = 9
3 + 3 = 6　　5 + 4 = 9
2 + 4 = 6　　4 + 5 = 9
1 + 5 = 6　　3 + 6 = 9

4 + 1 = 5　　1 + 3 = 4
4 + 2 = 6　　2 + 3 = 5
4 + 3 = 7　　3 + 3 = 6
4 + 4 = 8　　4 + 3 = 7
4 + 5 = 9　　5 + 3 = 8

정답 및 해설　**21**

7 뺄셈 (1) 📖 개념 쏙쏙

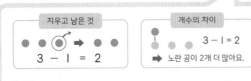

지우고 남은 것
$3 - 1 = 2$

개수의 차이
$3 - 1 = 2$
➡ 노란 공이 2개 더 많아요.

쓰기 $3 - 1 = 2$
읽기
• 3 빼기 1은 2와 같습니다.
• 3과 1의 차는 2입니다.
.... 한자로, '비교했을 때 다른 정도'를 뜻해요.

✏️ 개념 익히기
정답 22쪽

뺄셈식을 읽어 보세요.

$7 - 5 = 2$
→ 7 <u>빼기</u> 5는 2와 <u>같습니다.</u>

$4 - 2 = 2$
→ 4 <u>빼기</u> 2는 2와 <u>같습니다.</u>

$6 - 3 = 3$
→ 6과 3의 <u>차</u> 는 3 <u>입니다.</u>

102 초등수학 1학년 1학기

✏️ 개념 다지기
정답 22쪽

뺄셈식을 쓰고 읽어 보세요.

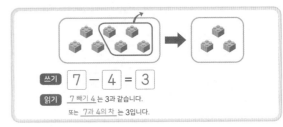

쓰기 $7 - 4 = 3$
읽기 <u>7</u> 빼기 <u>4</u> 는 3과 같습니다.
또는 <u>7</u> 과 <u>4</u>의 차 는 3입니다.

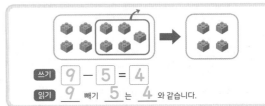

쓰기 $9 - 5 = 4$
읽기 <u>9</u> 빼기 <u>5</u> 는 <u>4</u> 와 같습니다.

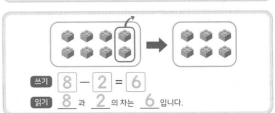

쓰기 $8 - 2 = 6$
읽기 <u>8</u> 과 <u>2</u> 의 차는 <u>6</u> 입니다.

3. 덧셈과 뺄셈 103

✏️ 개념 다지기
정답 22쪽

뺄셈식을 쓰고 읽어 보세요.

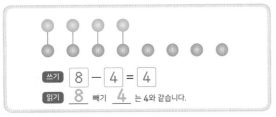

쓰기 $8 - 4 = 4$
읽기 <u>8</u> 빼기 <u>4</u> 는 4와 같습니다.

쓰기 $5 - 2 = 3$
읽기 <u>5</u> 빼기 <u>2</u> 는 3과 같습니다.

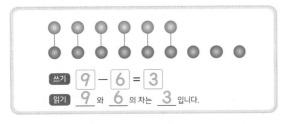

쓰기 $9 - 6 = 3$
읽기 <u>9</u> 와 <u>6</u> 의 차는 <u>3</u> 입니다.

104 초등수학 1학년 1학기

✏️ 개념 펼치기
정답 22쪽

빈칸을 알맞게 채우고 바르게 읽은 것과 선으로 이으세요.

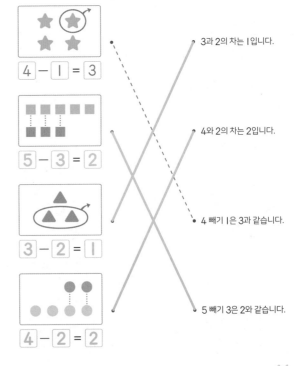

$4 - 1 = 3$

$5 - 3 = 2$

$3 - 2 = 1$

$4 - 2 = 2$

3과 2의 차는 1입니다.

4와 2의 차는 2입니다.

4 빼기 1은 3과 같습니다.

5 빼기 3은 2와 같습니다.

3. 덧셈과 뺄셈 105

8 뺄셈 (2)

개념 쏙쏙

$$6 - 2 = ?$$

6개에서 2개 지우기

빼기는
지우기라는 것만
기억해~

→ 6 − 2 = 4

개념 익히기

정답 23쪽

그림을 알맞게 지우며 뺄셈을 하세요.

$$5 - 3 = \boxed{2}$$
5개에서 3개 지우기

$$6 - 3 = \boxed{3}$$
6개에서 3개 지우기

$$7 - 4 = \boxed{3}$$
7개에서 4개 지우기

개념 다지기

정답 23쪽

손가락을 접으면서 뺄셈을 하세요.

* 지워진 위치에 관계없이 지워진 개수가 맞으면 정답입니다.

$$6 - 4 = \boxed{2}$$

$$5 - 2 = \boxed{3}$$

$$4 - 1 = \boxed{3}$$

$$5 - 4 = \boxed{1}$$

$$7 - 5 = \boxed{2}$$

$$8 - 3 = \boxed{5}$$

$$8 - 2 = \boxed{6}$$

$$9 - 6 = \boxed{3}$$

개념 다지기

정답 23쪽

그림을 보고 뺄셈식을 쓰세요.

$$\boxed{4} - \boxed{1} = \boxed{3}$$

$$\boxed{9} - \boxed{4} = \boxed{5}$$

$$\boxed{6} - \boxed{2} = \boxed{4}$$

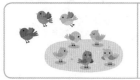
$$\boxed{8} - \boxed{3} = \boxed{5}$$

개념 펼치기

정답 23쪽

계단 그림을 보면서 뺄셈을 하세요.

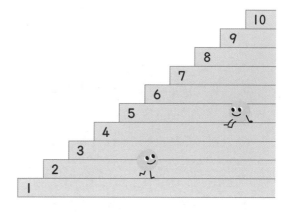

$$7 - 5 = \boxed{2}$$

$$5 - 4 = \boxed{1}$$

$$8 - 4 = \boxed{4}$$

$$6 - 3 = \boxed{3}$$

$$9 - 6 = \boxed{3}$$

$$7 - 1 = \boxed{6}$$

정답 및 해설

정답 및 해설

23

110 · 111

9 뺄셈 (3)

개념 쏙쏙

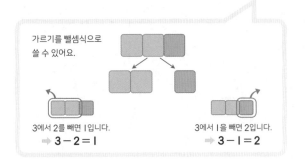

가르기를 뺄셈식으로 쓸 수 있어요.

3에서 2를 빼면 1입니다.
➡ 3 − 2 = 1

3에서 1을 빼면 2입니다.
➡ 3 − 1 = 2

개념 익히기

정답 24쪽

가르기를 보고 뺄셈식으로 쓰세요.

$7 - \boxed{4} = 3$
$7 - \boxed{3} = 4$

$6 - \boxed{4} = 2$
$6 - \boxed{2} = 4$

$5 - \boxed{2} = 3$
$5 - \boxed{3} = 2$

개념 다지기

정답 24쪽

뺄셈식에 맞게 연결 모형을 빼서 뺄셈을 해 보세요.

$8 - 3 = \boxed{5}$

$7 - 5 = \boxed{2}$

$9 - 2 = \boxed{7}$

$6 - 4 = \boxed{2}$

$8 - 7 = \boxed{1}$

112 113

개념 다지기

정답 24쪽

가르기를 완성하고 뺄셈식으로 쓰세요.

5
4 | 1
$5 - 4 = \boxed{1}$
$5 - \boxed{1} = 4$

7
$\boxed{2}$ | 5
$7 - \boxed{2} = 5$
$7 - 5 = \boxed{2}$

8
1 | 7
$8 - \boxed{1} = 7$
$8 - 7 = \boxed{1}$

6
4 | $\boxed{2}$
$6 - 4 = \boxed{2}$
$6 - \boxed{2} = 4$

9
$\boxed{3}$ | 6
$9 - \boxed{3} = 6$
$9 - 6 = \boxed{3}$

7
3 | $\boxed{4}$
$7 - 3 = \boxed{4}$
$7 - \boxed{4} = 3$

개념 펼치기

정답 24쪽

뺄셈을 하세요.

$8 - 1 = \boxed{7}$
$8 - 2 = \boxed{6}$
$8 - 3 = \boxed{5}$
$8 - 4 = \boxed{4}$
$8 - 5 = \boxed{3}$

$5 - 3 = \boxed{2}$
$6 - 3 = \boxed{3}$
$7 - 3 = \boxed{4}$
$8 - 3 = \boxed{5}$
$9 - 3 = \boxed{6}$

$7 - 6 = \boxed{1}$
$7 - 5 = \boxed{2}$
$7 - 4 = \boxed{3}$
$7 - 3 = \boxed{4}$
$7 - 2 = \boxed{5}$

$9 - 4 = \boxed{5}$
$8 - 4 = \boxed{4}$
$7 - 4 = \boxed{3}$
$6 - 4 = \boxed{2}$
$5 - 4 = \boxed{1}$

10 0이 있는 덧셈과 뺄셈

📖 개념 쏙쏙

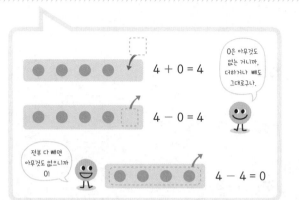

4 + 0 = 4

0은 아무것도 없는 거니까, 더하거나 빼도 그대로구나.

4 − 0 = 4

전부 다 빼면 아무것도 없으니까 0!

4 − 4 = 0

✏️ 개념 익히기

정답 25쪽

덧셈과 뺄셈을 하세요.

5 + 0 = 5   0 + 3 = 3

7 − 0 = 7   6 − 6 = 0

✏️ 개념 다지기

정답 25쪽

□에는 수를, ○에는 +, −를 알맞게 쓰세요.

7 − 7 = 0   4 + 0 = 4

5 − 5 = 0   6 − 6 = 0

8 − 0 = 8   4 + 0 = 4

2 + 2 = 4   0 + 9 = 9

5 − 5 = 0   1 − 1 = 0

3 − 0 = 3   6 + 1 = 7

11 덧셈과 뺄셈

📖 개념 쏙쏙

★ 좋아하는 수를 소개할게~

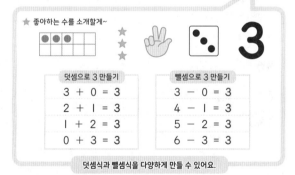

덧셈으로 3 만들기	뺄셈으로 3 만들기
3 + 0 = 3	3 − 0 = 3
2 + 1 = 3	4 − 1 = 3
1 + 2 = 3	5 − 2 = 3
0 + 3 = 3	6 − 3 = 3

덧셈식과 뺄셈식을 다양하게 만들 수 있어요.

✏️ 개념 익히기

정답 25쪽

덧셈과 뺄셈을 하세요.

6 + 0 = 6   4 − 0 = 4

5 + 1 = 6   5 − 1 = 4

4 + 2 = 6   6 − 2 = 4

3 + 3 = 6   7 − 3 = 4

✏️ 개념 다지기

정답 25쪽

합이 8이 되는 식을 찾아 ○표 하세요.

8

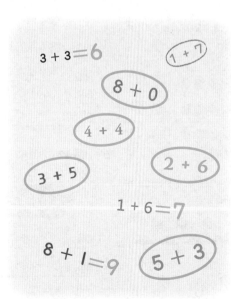

3 + 3 = 6   (1 + 7)

(8 + 0)

(4 + 4)

(3 + 5)   (2 + 6)

1 + 6 = 7

8 + 1 = 9   (5 + 3)

정답 및 해설 25

120 121

개념 펼치기

정답 26쪽

차가 4인 식을 찾아 모두 색칠해 보세요.

7 − 3
=4

8 − 2
=6

5 − 1
=4

4 − 1
=3

4 − 0
=4

4 − 4
=0

6 − 5
=1

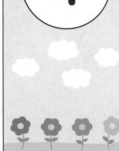

9 − 5
=4

3 − 0
=3

5 − 4
=1

2 − 1
=1

8 − 4
=4

5 − 3
=2

6 − 2
=4

개념 펼치기

정답 26쪽

세 수를 모두 이용하여 덧셈식 또는 뺄셈식을 쓰세요.

덧셈 6 , 7 , 1

| 1 | + | 6 | = | 7 |
| 6 | + | 1 | = | 7 |

덧셈 9 , 4 , 5

| 4 | + | 5 | = | 9 |
| 5 | + | 4 | = | 9 |

덧셈 2 , 8 , 6

| 2 | + | 6 | = | 8 |
| 6 | + | 2 | = | 8 |

뺄셈 4 , 2 , 6

| 6 | − | 4 | = | 2 |
| 6 | − | 2 | = | 4 |

뺄셈 7 , 9 , 2

| 9 | − | 2 | = | 7 |
| 9 | − | 7 | = | 2 |

뺄셈 5 , 3 , 8

| 8 | − | 5 | = | 3 |
| 8 | − | 3 | = | 5 |

122 123

개념 마무리

정답 26쪽

1 그림을 보고 모으기를 하세요.

5 3
8

2 빈 ○를 색칠하고 4를 가르기 하세요.

| 4 | | 4 |
| ○○○○ | | 1 3 |
예 | ○○○○ | | 2 2 |
| ○○○○ | | 3 1 |

3 그림을 보고 두 가지 방법으로 가르기를 하세요.

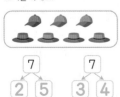

7
2 5

7
3 4

4 그림을 보고, 주어진 낱말을 이용하여 이야기를 만들어 보세요.

남습니다.

예 개구리 6마리가 있는데, 2마리가 물속으로 들어가면 4마리가 남습니다.

5 그림에 알맞은 덧셈식을 쓰고 읽어 보세요.

쓰기 4 + 5 = 9

읽기 예 4 더하기 5는 9와 같습니다. 또는 4와 5의 합은 9입니다.

6 주어진 뺄셈식을 잘못 읽은 사람을 골라 이름에 △표 하세요.

3 − 1 = 2

윤미 3 빼기 1은 2와 같습니다.

인호 3과 1의 차는 2입니다.

서현 3 빼기 2는 1과 같습니다.

7 그림을 보고 뺄셈식을 쓰세요.

○○○⌀⌀⌀⌀⌀

8 − 5 = 3

8 모으기를 하고 덧셈식으로 쓰세요.

3 3
6

3 + 3 = 6

9 합과 차가 같은 것끼리 선으로 이으세요.

1 + 5
=6

5 + 2
=7

2 + 1
=3

7 − 4
=3

9 − 3
=6

8 − 1
=7

10 덧셈과 뺄셈을 하세요.

6 + 0 = 6   0 + 1 = 1

8 − 8 = 0   2 − 0 = 2

11 계산 결과가 더 큰 것에 ○표 하세요.

9 − 5
=4

(3 + 2)
=5

✔ 개념 마무리

정답 27쪽

12 ◯에 ＋, －를 알맞게 쓰세요.

$5 \oplus 3 = 8$

$9 \ominus 9 = 0$

13 주어진 덧셈식과 합이 같은 덧셈식을 2개 쓰세요.

$1 + 6 = ?$

예 $\boxed{4} + \boxed{3} = \boxed{7}$

$\boxed{2} + \boxed{5} = \boxed{7}$

$6+1=7$, $3+4=7$, $5+2=7$, $0+7=7$, $7+0=7$도 정답이 될 수 있습니다.

14 수 카드 중에서 가장 큰 수와 가장 작은 수의 차를 구하세요.

0 5 2

가장 큰 수 : 5
가장 작은 수 : 0 ➡ $\boxed{5}$
➡ $5-0=5$

15 빈칸에 알맞은 수를 쓰세요.

$8 - 6 = \boxed{2}$

$7 - 5 = \boxed{2}$

$6 - 4 = \boxed{2}$

16 세 수를 모두 이용해 덧셈식을 완성하세요.

2 , 9 , 7

$\boxed{2} + \boxed{7} = \boxed{9}$

$\boxed{7} + \boxed{2} = \boxed{9}$

17 알맞은 덧셈식을 쓰세요.

연필이 필통 안에 4자루, 필통 밖에 2자루가 있어서 모두 6자루 있습니다.

$\boxed{4} + \boxed{2} = \boxed{6}$

(또는 2＋4＝6)

18 알맞은 뺄셈식을 쓰세요.

바닥에서 자는 강아지 4마리는 돗자리에서 자는 강아지 3마리보다 1마리 더 많습니다.

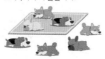

$\boxed{4} - \boxed{3} = \boxed{1}$

✎서술형
19 민아가 기르는 화분에 꽃이 한 송이도 없다가 오늘 4송이가 피었습니다. 꽃은 모두 몇 송이가 피었는지 풀이 과정을 쓰고, 답을 구하세요.

풀이

예 꽃이 0송이가 있었는데 4송이가 피었으므로, 꽃은 모두 0＋4＝4(송이)가 피었습니다.

※ '0＋4＝4'를 나타 내는 표현이 들어 가면 정답입니다.

답 $\boxed{4}$ 송이

✎서술형
20 현수가 한 달 동안 읽은 책은 4권, 은지가 한 달 동안 읽은 책은 5권입니다. 누가 몇 권 더 많이 읽었는지 풀이 과정을 쓰고, 답을 구하세요.

풀이

예 현수는 4권, 은지는 5권 읽었습니다. 5－4＝1이므로 은지가 1권 더 많이 읽었습니다.

답 은지 가 1 권 더 많이 읽었습니다.

※ '5－4＝1'을 나타내는 표현이 들어가면 정답입니다.

⭐ 상상력 키우기

3단원: 덧셈과 뺄셈

1 우리 집에서 ＋나 －기호가 적힌 물건을 찾아 보세요. 어떤 것이 있나요?

예 계산기, 리모컨, 컴퓨터 키보드 등

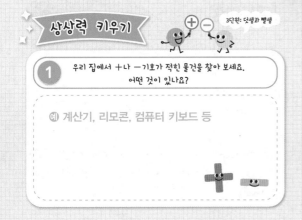

2 ＋ 모양으로 자유롭게 그림을 그리고 멋진 제목을 붙여 보세요.

제목: 예 우리 집

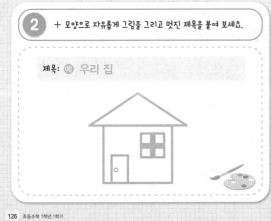

4 비교하기

· 이 단원에서 배울 내용 ·

그림을 통한 길이, 무게, 넓이, 들이의 비교

1 길이 비교   3 넓이 비교
2 무게 비교   4 들이 비교

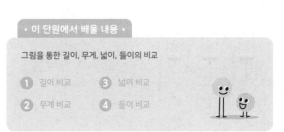

128 129

1 길이 비교 📖 개념 쏙쏙

물건끼리 한쪽 끝을 맞대면 쉽게 비교할 수 있어~

~은 ▢▢▢보다 더 깁니다.

▢▢▢는 ~보다 더 짧습니다.

✏️ 개념 익히기 정답 28쪽

그림과 ▢를 알맞게 연결하세요.

▢이 ▢보다 더 깁니다.

▢이 ▢보다 더 짧습니다.

▢이 ▢보다 더 깁니다.

✏️ 개념 다지기 정답 28쪽

더 긴 것에 ○표 하세요.

130 131

✏️ 개념 다지기 정답 28쪽

알맞은 그림에 ○표 하세요.

가장 긴 것	가장 짧은 것
가장 짧은 것	가장 긴 것
가장 긴 것	가장 짧은 것

✏️ 개념 펼치기 정답 28쪽

그림에 대해 올바른 문장에는 ○표, 틀린 문장에는 ✕표 하세요.

민준 태린 은채
- 은채의 머리카락은 민준이의 머리카락보다 더 깁니다. (○)
- 태린이의 머리카락은 은채의 머리카락보다 더 짧습니다. (✕) 깁니다.
- 민준이의 머리카락이 가장 짧습니다. (○)

- 빨간색 넥타이는 초록색 넥타이보다 더 짧습니다. (○)
- 초록색 넥타이는 파란색 넥타이보다 더 깁니다. (○)
- 파란색 넥타이가 가장 깁니다. (✕) 짧습니다.

- 해바라기는 튤립보다 더 깁니다. (○)
- 민들레는 튤립보다 더 짧습니다. (○)
- 튤립이 가장 짧습니다. (✕) 민들레가

- 보라색 양초는 노란색 양초보다 더 깁니다. (○)
- 파란색 양초는 보라색 양초보다 더 짧습니다. (✕) 깁니다.
- 노란색 양초가 가장 짧습니다. (○)

- 소시지 꼬치는 새우 꼬치보다 더 깁니다. (○)
- 새우 꼬치는 버섯 꼬치보다 더 짧습니다. (✕) 깁니다.
- 소시지 꼬치가 가장 깁니다. (○)

2 무게 비교

🦁 는 🦁 보다 더 무겁습니다.
🐵 는 🦁 보다 더 가볍습니다.

✏️ 개념 익히기

정답 29쪽

그림과 □를 알맞게 연결하세요.

□이 □보다 더 가볍습니다.

□이 □보다 더 무겁습니다.

□가 □보다 더 가볍습니다.

✏️ 개념 다지기

정답 29쪽

더 무거운 것에 ○표 하세요.

✏️ 개념 다지기

정답 29쪽

더 가벼운 것에 △표 하세요.

✏️ 개념 다지기

정답 29쪽

? 에 들어갈 수 있는 쌓기나무를 찾아 모두 ○표 하세요.

더 가벼움
더 무거움

쌓기나무 1개보다 더 무거운 것은
쌓기나무 2개, 3개, 4개

더 무거움
더 가벼움

쌓기나무 2개보다 더 무거운 것은
쌓기나무 3개, 4개

더 가벼움
더 무거움

쌓기나무 3개보다 더 가벼운 것은
쌓기나무 1개, 2개

정답 및 해설 **29**

136 137

✏ 개념 펼치기

가장 무거운 자루를 찾아 ◯표 하세요.

(⬤ 🔴 🔴)

(🔴 🔴 ⬤)

(🔴 🔴 ⬤)

(🔴 ⬤ 🔴)

✏ 개념 펼치기

그림에 대해 올바른 문장에는 ◯표, 틀린 문장에는 ✕표 하세요.

- 말은 고슴도치보다 더 가볍습니다. (✕) **무겁습니다.**
- 개는 고슴도치보다 더 무겁습니다. (◯)
- 고슴도치가 가장 가볍습니다. (◯)

- 옥수수는 버섯보다 더 무겁습니다. (◯)
- 호박이 가장 가볍습니다. (✕) → **무겁습니다.**
- 버섯은 호박보다 더 가볍습니다. (◯)

- 믹서기는 냉장고보다 더 가볍습니다. (◯)
- 전자레인지는 믹서기보다 더 무겁습니다. (◯)
- 냉장고가 가장 가볍습니다. (✕) **무겁습니다.**

- 지푸라기 집은 나무 집보다 더 가볍습니다. (◯)
- 나무 집은 벽돌 집보다 더 무겁습니다. (✕)
- 벽돌 집이 가장 무겁습니다. (◯) → **가볍습니다.**

- 딸기가 가장 가볍습니다. (◯)
- 파인애플은 딸기보다 더 무겁습니다. (◯)
- 사과는 파인애플보다 더 무겁습니다. (✕) **가볍습니다.**

138 139

③ 넓이 비교

📖 개념 쏙쏙

◻은 ◯ 보다 더 넓습니다.
◯는 ◻ 보다 더 좁습니다.

✏ 개념 익히기

그림과 ◻를 알맞게 연결하세요.

◻이 ◻보다 더 넓습니다.
◻이 ◻보다 더 좁습니다.
◻가 ◻보다 더 넓습니다.

✏ 개념 다지기

알맞은 그림에 ◯표 하세요.

더 넓은 것

더 좁은 것

더 좁은 것

더 넓은 것

더 넓은 것

더 좁은 것

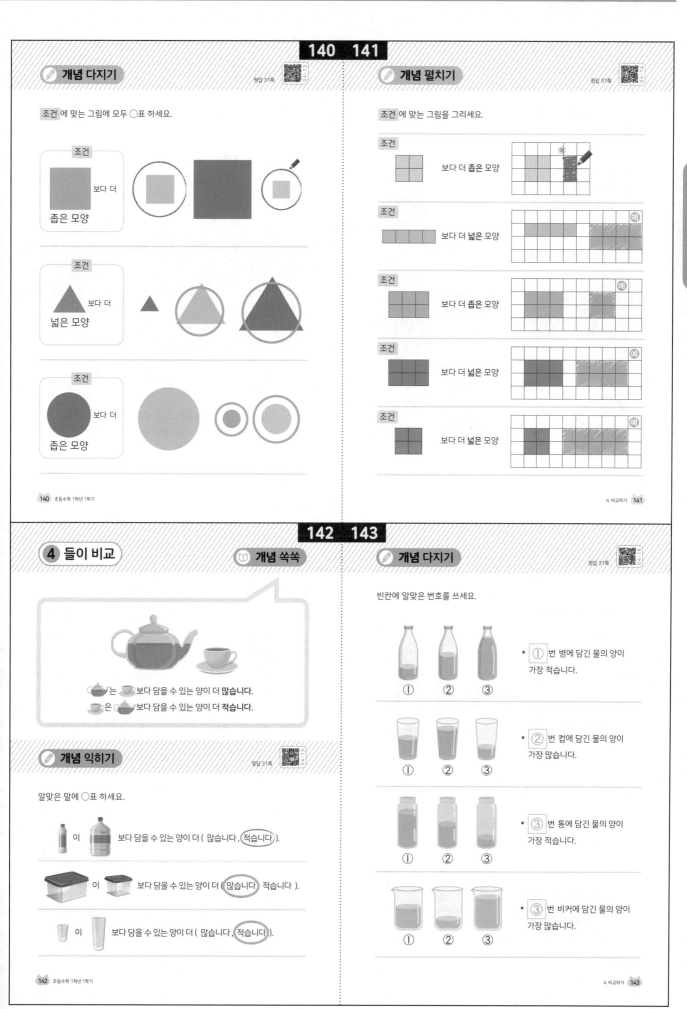

개념 다지기

정답 31쪽

조건 에 맞는 그림에 모두 ○표 하세요.

개념 펼치기

정답 31쪽

조건 에 맞는 그림을 그리세요.

정답 및 해설

4 들이 비교

개념 쏙쏙

🫖는 ☕보다 담을 수 있는 양이 더 **많습니다.**
☕은 🫖보다 담을 수 있는 양이 더 **적습니다.**

개념 익히기

정답 31쪽

알맞은 말에 ○표 하세요.

이 보다 담을 수 있는 양이 더 (많습니다, (적습니다)).

이 보다 담을 수 있는 양이 더 ((많습니다) 적습니다).

이 보다 담을 수 있는 양이 더 (많습니다, (적습니다)).

개념 다지기

정답 31쪽

빈칸에 알맞은 번호를 쓰세요.

• ① 번 병에 담긴 물의 양이 가장 적습니다.

• ② 번 컵에 담긴 물의 양이 가장 많습니다.

• ③ 번 통에 담긴 물의 양이 가장 적습니다.

• ③ 번 비커에 담긴 물의 양이 가장 많습니다.

144 145

✏ 개념 다지기

담을 수 있는 양을 비교하여 알맞은 그림에 ◯표 하세요.

더 적은 것	더 많은 것
더 많은 것	더 적은 것
더 적은 것	더 많은 것

✏ 개념 펼치기

그림에 대해 올바른 문장에는 ◯표, 틀린 문장에는 ✕표 하세요.

- ㉮는 ㉯보다 담을 수 있는 양이 더 적습니다. (◯)
- ㉯는 ㉮보다 담을 수 있는 양이 더 많습니다. (◯)
- ㉰는 담을 수 있는 양이 가장 적습니다. (✕)
  ↳ 가

- ㉰는 ㉮보다 담을 수 있는 양이 더 많습니다. (◯)
- ㉮는 ㉯보다 담을 수 있는 양이 더 적습니다. (✕)
- ㉯는 담을 수 있는 양이 가장 적습니다. (◯)
  ↳ 많습니다.

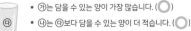

- ㉮는 담을 수 있는 양이 가장 많습니다. (◯)
- ㉯는 ㉰보다 담을 수 있는 양이 더 적습니다. (◯)
- ㉰는 ㉮보다 담을 수 있는 양이 더 많습니다. (✕)
  ↳ 적습니다.

  많습니다.
- ㉰는 ㉮보다 담을 수 있는 양이 더 적습니다. (✕)
- ㉯는 담을 수 있는 양이 가장 적습니다. (◯)
- ㉮는 ㉯보다 담을 수 있는 양이 더 많습니다. (◯)

146 147

✓ 개념 마무리

1 더 짧은 것에 △표 하세요.

( )
(△)

2 필통과 길이를 비교하여, 필통 안에 넣을 수 있는 물건에 모두 ◯표 하세요.

(◯)
( )
(◯)
(◯)
( )

3 긴 고드름부터 차례로 1, 2, 3을 쓰세요.

[2] [1] [3]

4 친구들의 설명을 보고, 리본을 알맞은 색으로 색칠하세요.

서희 리본은 빨간색, 파란색, 노란색 세 종류야.
지민 파란색 리본이 가장 짧아.
연수 빨간색 리본은 노란색 리본보다 길어.

5 지아보다 키가 작은 사람의 이름을 모두 쓰세요.

현우 하은 지아 유준

답 하은, 유준

6 그림과 ☐를 선으로 알맞게 연결하세요.

☐는 ☐보다 더 가볍습니다.

7 빈칸에 알맞은 말을 쓰세요.

망치 깃털

망치 는 깃털 보다 더 무겁습니다.

8 무거운 동물이 탄 배는 물에 더 잠겨요. 각각의 배에 어떤 동물이 탔는지 알맞게 연결하세요.

9 바르게 말한 사람을 모두 고르세요.

서연 10원 동전이 가장 무거워.
건우 100원 동전은 10원 동전보다 더 가벼워.
도현 500원 동전은 100원 동전보다 더 무거워.
지우 10원 동전은 500원 동전보다 더 가벼워.

답 도현, 지우

10 그림을 보고 무거운 사람부터 차례로 이름을 쓰세요.

유진 민서
민서 주원

주원 — 민서 — 유진

11 더 넓은 것에 ◯표 하세요.

( ) (◯)

✔ 개념 마무리

정답 33쪽

12 넓은 것부터 차례로 1, 2, 3을 쓰세요.

 1   3   2

13 다음은 예원이네 집입니다. 가장 좁은 방이 동생의 방이고, 가장 넓은 방이 부모님의 방이라면 예원이의 방은 몇 번인지 쓰세요.

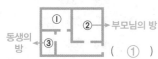

(①)

14 아래 그림을 보고, 가장 넓게 색칠된 색깔과 가장 좁게 색칠된 색깔을 각각 쓰세요.

가장 넓게 색칠된 색깔: (빨간색)
가장 좁게 색칠된 색깔: (파란색)

15 가장 큰 개구리가 가장 넓은 연못에, 가장 작은 개구리가 가장 좁은 연못에 살도록 알맞게 연결하세요.

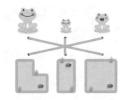

16 담을 수 있는 양이 더 적은 것에 △표 하세요.

(   )   (△)

17 수빈, 동훈, 희나는 마트에서 각자 장바구니를 하나씩 골랐습니다. 물건을 가장 많이 담을 수 있는 장바구니를 고른 사람은 누구인지 쓰세요.

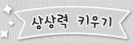
수빈   동훈   희나

(동훈)

18 크기와 모양이 같은 컵 3개에 딸기 주스를 같은 양만큼 담아서 나누어 주었습니다. 그림은 세 사람이 마시고 남은 것입니다. 딸기 주스를 가장 많이 마신 사람이 누구인지 이름을 쓰세요.

하율   재훈   다은

(재훈)

🖋서술형
19 모양과 크기가 같은 스티로폼 공과 쇠공이 있습니다. 둘 중 어떤 그림이 스티로폼 공을 든 모습인지 찾고, 이유를 설명하세요.

(가)   (나)

답 (나)

이유
예 스티로폼 공이 쇠공보다 더 가볍기 때문입니다.

🖋서술형
20 우진이는 (가), (나) 중 어느 컵에 물이 더 많이 담겨있는지 비교하려고 합니다. 우진이의 말이 틀린 이유를 설명하세요.

두 컵에 담긴 물의 높이가 같으니까 물의 양도 똑같아!

(가)   (나)

이유
예 두 컵에 담긴 물의 높이는 같지만, (나) 컵이 (가)컵보다 옆으로 더 넓으므로 (나)컵에 담긴 물의 양이 더 많습니다.

※ '높이는 같지만, (나)컵이 옆으로 더 넓다.'는 표현이 들어가면 정답입니다.

정답 및 해설

✦ 상상력 키우기

4단원: 비교하기

1 우리 반에서 가장 키가 큰 사람은 누구인가요?

가장 키가 큰 친구의 이름을 씁니다.

2 여러분이 여행가고 싶은 나라 두 곳을 자유롭게 쓰고, 둘 중에 어떤 나라가 더 넓은지 조사해 보세요.

예 미국, 스위스
미국이 스위스보다 더 넓습니다.

5 50까지의 수

• 이 단원에서 배울 내용 •

50까지의 수, 수의 크기 비교

1 10
2 십몇
3 모으기
4 가르기
5 10개씩 묶어 세기
6 50까지의 수
7 수의 순서
8 수의 크기 비교

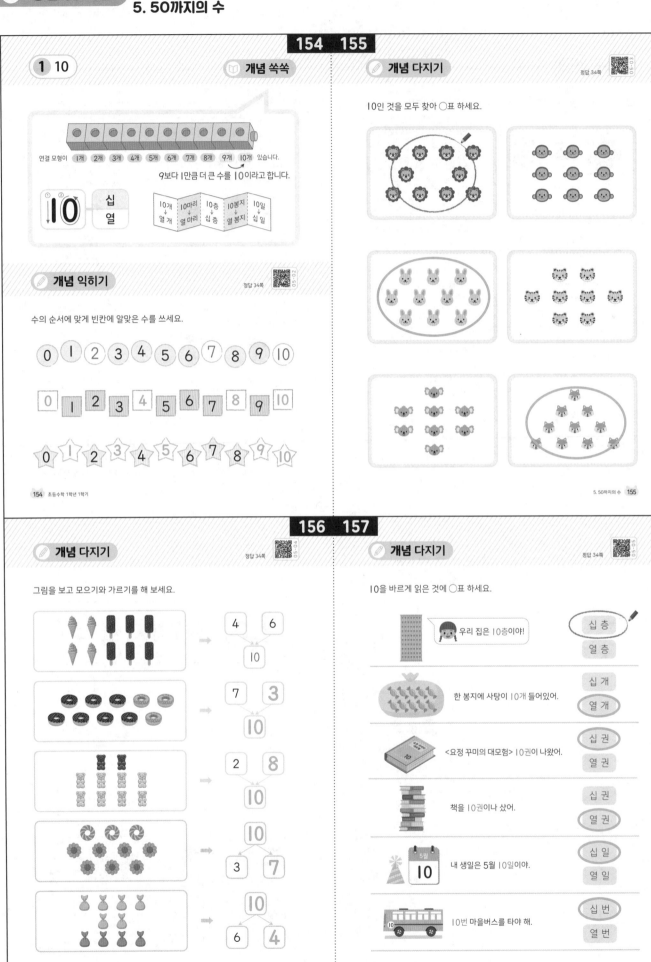

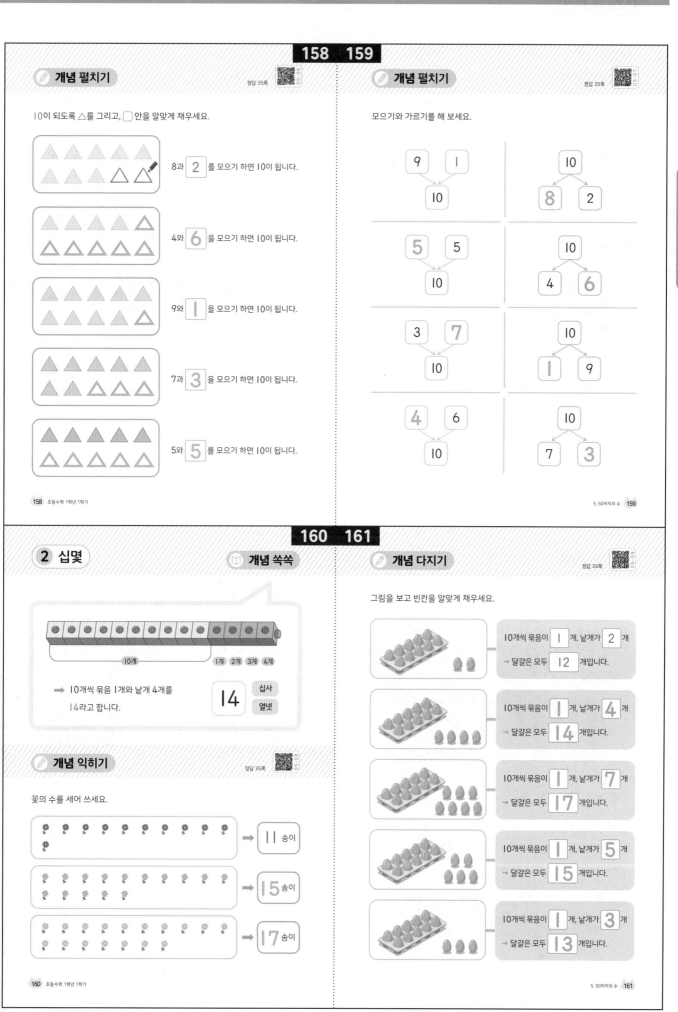

개념 펼치기 정답 35쪽

10이 되도록 △를 그리고, ☐ 안을 알맞게 채우세요.

8과 **2** 를 모으기 하면 10이 됩니다.

4와 **6** 을 모으기 하면 10이 됩니다.

9와 **1** 을 모으기 하면 10이 됩니다.

7과 **3** 을 모으기 하면 10이 됩니다.

5와 **5** 를 모으기 하면 10이 됩니다.

158 초등수학 1학년 1학기

개념 펼치기 정답 35쪽

모으기와 가르기를 해 보세요.

9 1 → 10

10 → 8 2

5 5 → 10

10 → 4 6

3 7 → 10

10 → 1 9

4 6 → 10

10 → 7 3

5. 50까지의 수 159

2 십몇 **개념 쏙쏙**

→ 10개씩 묶음 1개와 낱개 4개를 14라고 합니다.

14 십사 열넷

개념 익히기 정답 35쪽

꽃의 수를 세어 쓰세요.

→ **11** 송이

→ **15** 송이

→ **17** 송이

160 초등수학 1학년 1학기

개념 다지기 정답 35쪽

그림을 보고 빈칸을 알맞게 채우세요.

10개씩 묶음이 **1** 개, 낱개가 **2** 개
→ 달걀은 모두 **12** 개입니다.

10개씩 묶음이 **1** 개, 낱개가 **4** 개
→ 달걀은 모두 **14** 개입니다.

10개씩 묶음이 **1** 개, 낱개가 **7** 개
→ 달걀은 모두 **17** 개입니다.

10개씩 묶음이 **1** 개, 낱개가 **5** 개
→ 달걀은 모두 **15** 개입니다.

10개씩 묶음이 **1** 개, 낱개가 **3** 개
→ 달걀은 모두 **13** 개입니다.

5. 50까지의 수 161

정답 및 해설 **35**

정답 및 해설

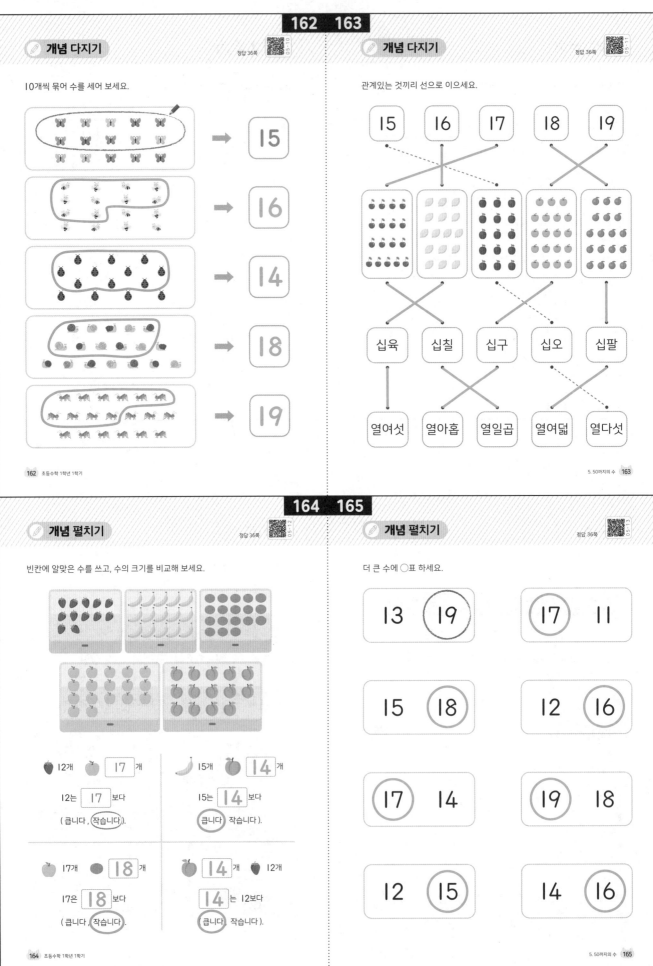

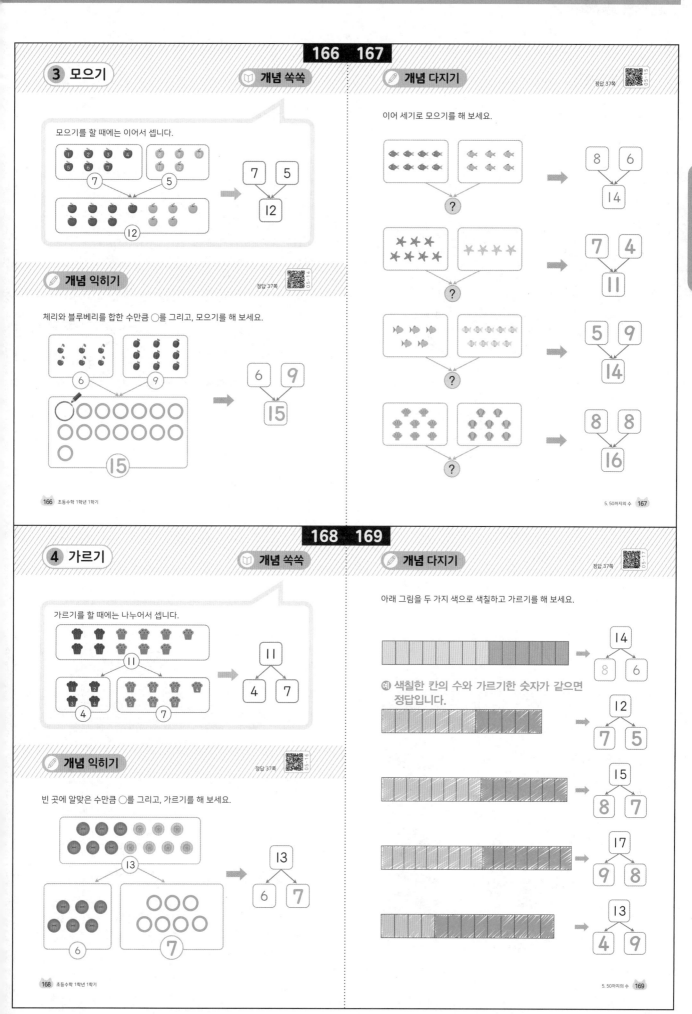

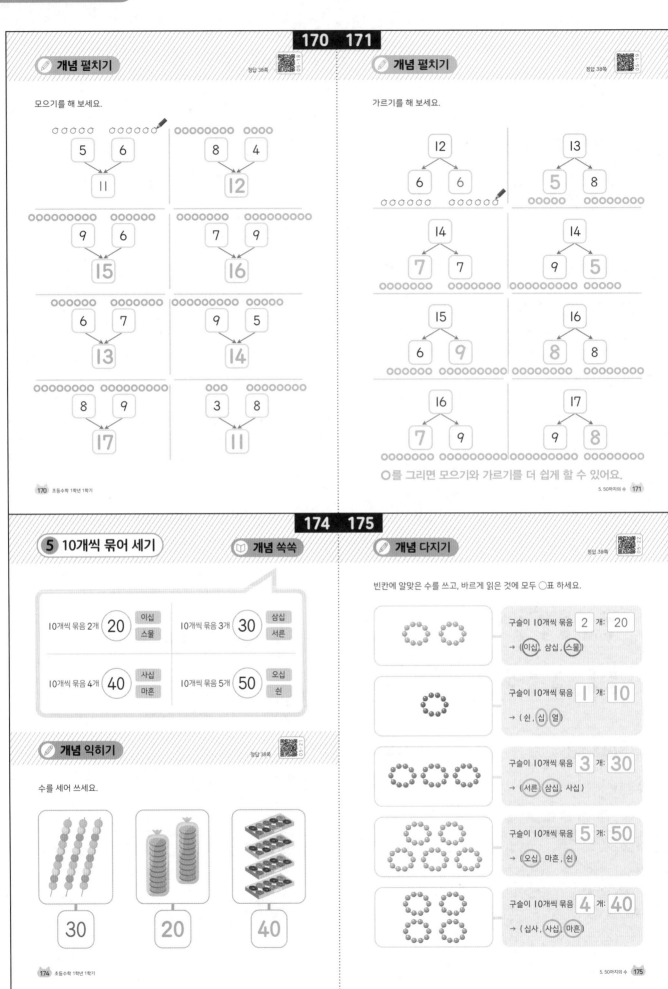

170 171

개념 펼치기

정답 38쪽

모으기를 해 보세요.

5 6 → 11

8 4 → 12

9 6 → 15

7 9 → 16

6 7 → 13

9 5 → 14

8 9 → 17

3 8 → 11

개념 펼치기

정답 38쪽

가르기를 해 보세요.

12 → 6 6

13 → 5 8

14 → 7 7

14 → 9 5

15 → 6 9

16 → 8 8

16 → 7 9

17 → 9 8

○를 그리면 모으기와 가르기를 더 쉽게 할 수 있어요.

174 175

5 10개씩 묶어 세기 개념 쏙쏙

10개씩 묶음 2개 (20) 이십 / 스물

10개씩 묶음 3개 (30) 삼십 / 서른

10개씩 묶음 4개 (40) 사십 / 마흔

10개씩 묶음 5개 (50) 오십 / 쉰

개념 익히기

정답 38쪽

수를 세어 쓰세요.

30   20   40

개념 다지기

정답 38쪽

빈칸에 알맞은 수를 쓰고, 바르게 읽은 것에 모두 ○표 하세요.

구슬이 10개씩 묶음 2 개: 20
→ (이십, 삼십, 스물)

구슬이 10개씩 묶음 1 개: 10
→ (쉰, 십, 열)

구슬이 10개씩 묶음 3 개: 30
→ (서른, 삼십, 사십)

구슬이 10개씩 묶음 5 개: 50
→ (오십, 마흔, 쉰)

구슬이 10개씩 묶음 4 개: 40
→ (십사, 사십, 마흔)

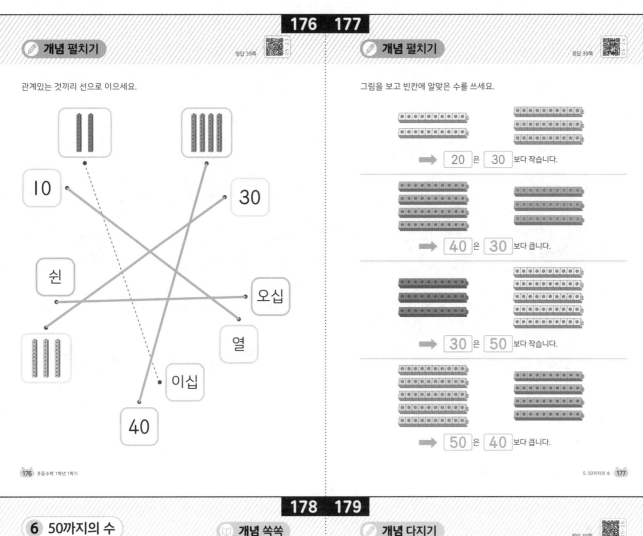

✏️ **개념 펼치기**   정답 39쪽

관계있는 것끼리 선으로 이으세요.

10
쉰
40

30
오십
열
이십

✏️ **개념 펼치기**   정답 39쪽

그림을 보고 빈칸에 알맞은 수를 쓰세요.

➡️ **20** 은 **30** 보다 작습니다.

➡️ **40** 은 **30** 보다 큽니다.

➡️ **30** 은 **50** 보다 작습니다.

➡️ **50** 은 **40** 보다 큽니다.

6 50까지의 수   📖 **개념 쏙쏙**

⋯ 10개
⋯ 10개
⋯ 3개

➡️ 10개씩 묶음 **2**개와 낱개 **3**개를
23이라고 합니다.   **23**   이십삼
                               스물셋

✏️ **개념 익히기**   정답 39쪽

빈칸에 알맞은 수를 쓰세요.

10개씩 묶음 3개 ➡️ **32**
낱개 2개

10개씩 묶음 2개 ➡️ **24**
낱개 4개

10개씩 묶음 4개 ➡️ **45**
낱개 5개

✏️ **개념 다지기**   정답 39쪽

빈 곳에 알맞은 수를 쓰세요.

수	10개씩 묶음	낱개
48	4	8
36	3	6
25	2	5
31	3	1
49	4	9
27	2	7
39	3	9

180 181

✏ **개념 다지기**

정답 40쪽

빈칸에 알맞은 수를 쓰세요.

마흔둘	➡	42
삼십육	➡	36
스물일곱	➡	27
쉰	➡	50
사십오	➡	45
서른여덟	➡	38

✏ **개념 다지기**

정답 40쪽

수를 바르게 읽은 것에 ◯표 하세요.

삼촌은 37살이에요.
삼십일곱 살　서른칠 살　**⬭서른일곱 살⬭**

25쪽을 읽어 보세요.
스물오 쪽　**⬭이십오 쪽⬭**　이십다섯 쪽

스티커를 41장이나 모았어.
마흔일 장　**⬭마흔한 장⬭**　사십한 장

우리 집은 16번지야.
열육 번지　십여섯 번지　**⬭십육 번지⬭**

39번 버스를 탔습니다.
⬭삼십구 번⬭　서른구 번　삼십아홉 번

사과가 46개 들어있어.
사십여섯 개　**⬭마흔여섯 개⬭**　마흔육 개

182 183

✏ **개념 펼치기**

정답 40쪽

10개씩 묶고, 수를 세어 쓰세요.

(38)

(44)

(25)

(49)

✏ **개념 펼치기**

정답 40쪽

다른 것 하나를 찾아 △표 하세요.

| 스물다섯 | △ | 25 | 이십오 |

| | | 48 | △마흔일곱 |

| 33 | 서른셋 | △삼십사 | |

| 사십일 | 마흔하나 | | △40 |

| 29 | | 스물아홉 | △십구 |

7 수의 순서

수에는 순서가 있어요.

← 점점 작아져요. |만큼 더 작아요. |만큼 더 작아요. |만큼 더 작아요. |만큼 더 작아요. |만큼 더 작아요.   점점 커져요. →

| 38 | 39 | 40 | 41 | 42 | 43 | 44 | 45 | 46 | 47 |

|만큼 더 커요. |만큼 더 커요. |만큼 더 커요. |만큼 더 커요. |만큼 더 커요. |만큼 더 커요.

38과 40
사이에 있는 수

개념 익히기

정답 41쪽

수의 순서에 맞게 빈칸에 알맞은 수를 쓰세요.

| 29 | 30 | 31 | 32 | 33 | 34 |

| 38 | 39 | 40 | 41 | 42 | 43 |

| 17 | 18 | 19 | 20 | 21 | 22 |

개념 다지기

정답 41쪽

빈칸에 알맞은 수를 쓰면서 애벌레의 몸이 몇 마디인지 세어 보세요.

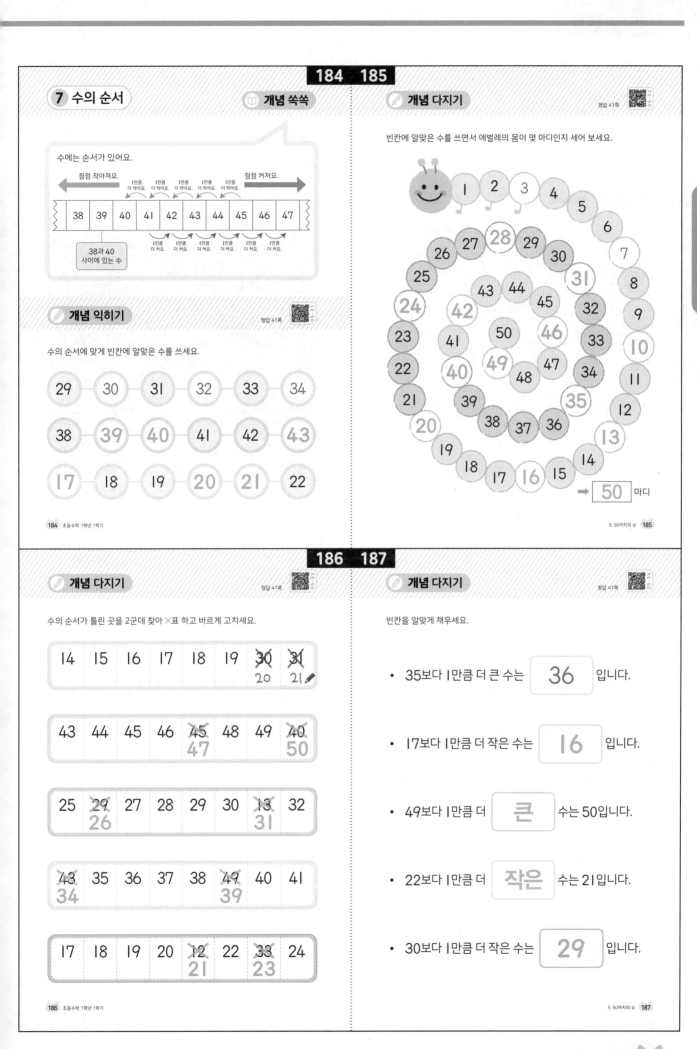

→ 50 마디

정답 및 해설

개념 다지기

정답 41쪽

수의 순서가 틀린 곳을 2군데 찾아 ✕표 하고 바르게 고치세요.

| 14 | 15 | 16 | 17 | 18 | 19 | ✕30 20 | ✕31 21 |

| 43 | 44 | 45 | 46 | ✕45 47 | 48 | 49 | ✕40 50 |

| 25 | ✕29 26 | 27 | 28 | 29 | 30 | ✕13 31 | 32 |

| ✕43 34 | 35 | 36 | 37 | 38 | ✕49 39 | 40 | 41 |

| 17 | 18 | 19 | 20 | ✕12 21 | 22 | ✕33 23 | 24 |

개념 다지기

정답 41쪽

빈칸을 알맞게 채우세요.

- 35보다 |만큼 더 큰 수는 **36** 입니다.

- 17보다 |만큼 더 작은 수는 **16** 입니다.

- 49보다 |만큼 더 **큰** 수는 50입니다.

- 22보다 |만큼 더 **작은** 수는 21입니다.

- 30보다 |만큼 더 작은 수는 **29** 입니다.

188 189

주어진 수를 알맞은 순서대로 쓰세요.

큰 수부터 순서대로 쓰세요.

| 45 | 48 | 47 | 46 | 44 | → | 48 | 47 | 46 | 45 | 44 |

작은 수부터 순서대로 쓰세요.

| 31 | 30 | 28 | 29 | 27 | → | 27 | 28 | 29 | 30 | 31 |

큰 수부터 순서대로 쓰세요.

| 17 | 20 | 19 | 16 | 18 | → | 20 | 19 | 18 | 17 | 16 |

작은 수부터 순서대로 쓰세요.

| 22 | 19 | 23 | 21 | 20 | → | 19 | 20 | 21 | 22 | 23 |

큰 수부터 순서대로 쓰세요.

| 38 | 35 | 37 | 36 | 39 | → | 39 | 38 | 37 | 36 | 35 |

수를 찾아 알맞게 색칠해 보세요.

1~10   21~30   41~50

11~20   31~40

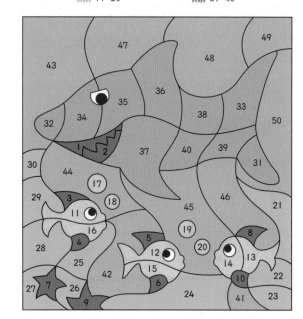

190 191

8 수의 크기 비교

개념 쏙쏙

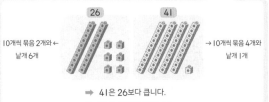

26 · 41

10개씩 묶음 2개와 → 낱개 6개

→ 10개씩 묶음 4개와 낱개 1개

➡ 41은 26보다 큽니다.
➡ 26은 41보다 작습니다.

개념 익히기 · 정답 42쪽

수만큼 색칠하고, 알맞은 말에 ○표 하세요.

13   20

→ 13은 20보다 (큽니다 , (작습니다)). 20은 13보다 ((큽니다) , 작습니다).

28   17

→ 28은 17보다 ((큽니다) , 작습니다). 17은 28보다 (큽니다 , (작습니다)).

개념 다지기 · 정답 42쪽

더 큰 수에 ○표 하세요.

(35) 12

(27) 25

19 (21)

(40) 38

(33) 23

16 (47)

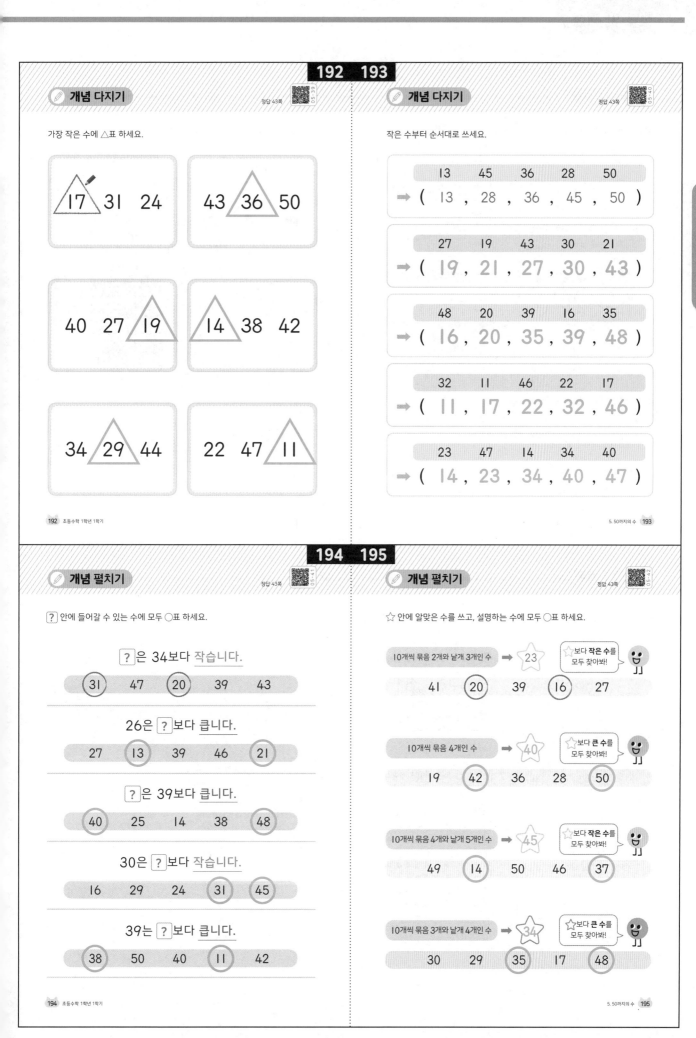

개념 다지기

정답 43쪽

가장 작은 수에 △표 하세요.

△17 31 24	43 △36 50
40 27 △19	△14 38 42
34 △29 44	22 47 △11

개념 다지기

정답 43쪽

작은 수부터 순서대로 쓰세요.

13   45   36   28   50
➡ (13 , 28 , 36 , 45 , 50)

27   19   43   30   21
➡ (19 , 21 , 27 , 30 , 43)

48   20   39   16   35
➡ (16 , 20 , 35 , 39 , 48)

32   11   46   22   17
➡ (11 , 17 , 22 , 32 , 46)

23   47   14   34   40
➡ (14 , 23 , 34 , 40 , 47)

정답 및 해설

개념 펼치기

정답 43쪽

? 안에 들어갈 수 있는 수에 모두 ○표 하세요.

? 은 34보다 작습니다.
㉛ 47 ⑳ 39 43

26은 ? 보다 큽니다.
27 ⑬ 39 46 ㉑

? 은 39보다 큽니다.
㊵ 25 14 38 ㊽

30은 ? 보다 작습니다.
16 29 24 ㉛ ㊺

39는 ? 보다 큽니다.
㊳ 50 40 ⑪ 42

개념 펼치기

정답 43쪽

☆ 안에 알맞은 수를 쓰고, 설명하는 수에 모두 ○표 하세요.

10개씩 묶음 2개와 낱개 3개인 수 ➡ ☆23   ☆보다 작은 수를 모두 찾아봐!
41 ⑳ 39 ⑯ 27

10개씩 묶음 4개인 수 ➡ ☆40   ☆보다 큰 수를 모두 찾아봐!
19 ㊷ 36 28 ㊿

10개씩 묶음 4개와 낱개 5개인 수 ➡ ☆45   ☆보다 작은 수를 모두 찾아봐!
49 ⑭ 50 46 ㊲

10개씩 묶음 3개와 낱개 4개인 수 ➡ ☆34   ☆보다 큰 수를 모두 찾아봐!
30 29 ㉟ 17 ㊽

196 197

✓ 개념 마무리

1 빈칸에 알맞은 수를 쓰세요.

9보다 1만큼 더 큰 수를 10 이라고 합니다.

2 10개가 되도록 ◯를 그리고, 빈칸에 알맞은 수를 쓰세요.

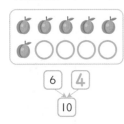

6 4

10

3 관계있는 것끼리 선으로 이으세요.

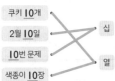

쿠키 10개
2월 10일
10번 문제
색종이 10장

십
열

4 10개씩 묶어 수를 세어서 쓰고, 바르게 읽은 것에 모두 ◯표 하세요.

22

십이 | 이십이 | 열여덟 | 스물둘

5 문장이 완성되도록 15와 19를 빈칸에 알맞게 쓰세요.

19 는 15 보다 큽니다.

6 13을 두 가지 방법으로 가르기를 해 보세요.

예 13   13

6 7   4 9

7 수를 잘못 읽은 사람의 이름에 △표 하세요.

40

마흔 | 사십 | 삼십
규현 | 미나 | 정우

8 수만큼 모형을 색칠하세요.

26

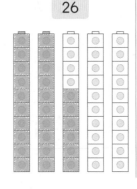

9 빈칸에 알맞은 수를 쓰세요.

40은 10개씩 묶음이 4 개입니다.

20 은 10개씩 묶음이 2개입니다.

10 빈칸에 알맞은 수를 쓰세요.

3 - 5 → 35

1 - 6 → 16

2 - 4 → 24

11 구슬이 모두 몇 개인지 쓰세요.

→ 36 개

---

198 199

✓ 개념 마무리

12 관계있는 것끼리 선으로 이으세요.

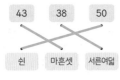

43 38 50

쉰 마흔셋 서른여덟

13 수의 순서에 맞게 빈칸에 알맞은 수를 쓰세요.

27 28 29 30 31

14 빈칸을 알맞게 채우세요.

1만큼 더 작은 수   1만큼 더 큰 수
28 ← 29 → 30

15 10개씩 묶음 3개와 낱개 9개인 수보다 1만큼 더 큰 수를 쓰세요.

39

40

16 수의 순서가 거꾸로 되도록 길을 그리세요.

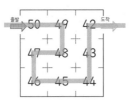

출발 | 50 49 42 | 도착
47 48 43
46 45 44

17 10개씩 묶고 수를 세어 크기를 비교해 보세요.

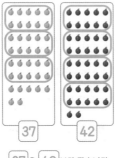

37   42

37 은 42 보다 작습니다.

18 큰 수부터 순서대로 쓸 때, 앞에서 셋째 수는 무엇일까요?

22 14 36 45

22

큰 수부터 순서대로 쓰면 45, 36, 22, 14입니다.

서술형

19 다은이는 1년 동안 동화책 32권, 만화책 29권을 읽었습니다. 동화책과 만화책 중 어떤 것을 더 많이 읽었는지 풀이 과정과 답을 쓰세요.

풀이

예 32가 29보다 큽니다. 그러므로, 동화책을 만화책보다 더 많이 읽었습니다.

답 (동화책)

서술형

20 가장 큰 수와 가장 작은 수의 기호를 쓰고 풀이 과정을 쓰세요.

㉠ 서른여덟
㉡ 십구
㉢ 10개씩 묶음 2개와 낱개 3개
㉣ 45보다 1만큼 더 작은 수

가장 큰 수: (㉣)
가장 작은 수: (㉡)

풀이

예 ㉠ : 38
㉡ : 19
㉢ : 23
㉣ : 44
이므로 가장 큰 수는 44, 가장 작은 수는 19입니다.

44 초등수학 1학년 1학기

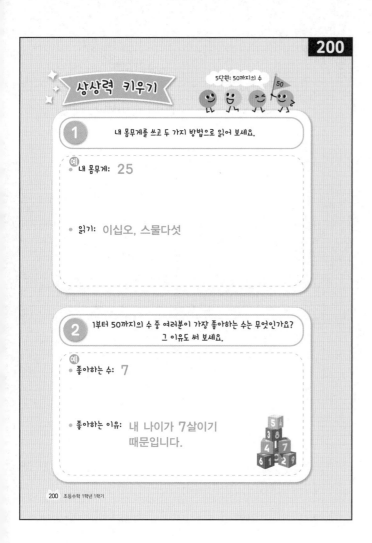

상상력 키우기

5단원: 50까지의 수

1 내 몸무게를 쓰고 두 가지 방법으로 읽어 보세요.

(예)
• 내 몸무게: 25

• 읽기: 이십오, 스물다섯

2 1부터 50까지의 수 중 여러분이 가장 좋아하는 수는 무엇인가요? 그 이유도 써 보세요.

(예)
• 좋아하는 수: 7

• 좋아하는 이유: 내 나이가 7살이기 때문입니다.

MEMO

MEMO

그림으로 개념 잡는

초등수학

교육 R&D에 앞서가는
Key 키출판사